全国高职高专教育规划教材

计算机文化基础实训教程

Jisuanji Wenhua Jichu Shixun Jiaocheng

单天德　主　编
陈兴威　副主编

高等教育出版社·北京
HIGHER EDUCATION PRESS　BEIJING

内容提要

本书是高职高专学生学习“计算机文化基础”课程及参加计算机一级考试的配套上机实训教程，是根据高职高专人才培养的指导思想，以教育部考试中心和浙江省新颁布的计算机一级考试大纲为依据，结合多年“计算机文化基础”课程教学和上机实践指导经验组织编写的。

本书配套有“计算机基础测评”软件。该软件含有丰富的题库并能自动判分，便于读者进行模拟练习，提高考试通过率。

本书将各知识点与操作技能恰当地融入各个任务中，是高校学生学习巩固“计算机文化基础”课程知识、参加计算机等级考试以及熟练掌握计算机操作技能的一本较好的指导书。

图书在版编目（CIP）数据

计算机文化基础实训教程／单天德主编．—北京：高等教育出版社，2011.8

ISBN 978-7-04-033239-1

Ⅰ．①计… Ⅱ．①单… Ⅲ．①电子计算机－高等职业教育－教材 Ⅳ．①TP3

中国版本图书馆 CIP 数据核字（2011）第 141998 号

策划编辑 洪国芬　责任编辑 洪国芬　封面设计 张雨微　责任印制 胡晓旭
版式设计 马敬茹　责任校对 胡晓琪

出版发行 高等教育出版社
社　　址 北京市西城区德外大街 4 号
邮政编码 100120
印　　刷 北京四季青印刷厂
开　　本 787mm×1092mm 1/16
印　　张 11.5
字　　数 270 千字
购书热线 010－58581118
咨询电话 400－810－0598
网　　址 http://www.hep.edu.cn
　　　　 http://www.hep.com.cn
网上订购 http://www.landraco.com
　　　　 http://www.landraco.com.cn
版　　次 2011 年 8 月第 1 版
印　　次 2011 年 8 月第 1 次印刷
定　　价 27.80 元（含光盘）

物 料 号 33239－00

《计算机文化基础实训教程》编委会

主　编： 单天德

副主编： 陈兴威

编　委：（以姓氏笔画为序）

方　蓉　应　莉　张旺俏　李远远

陈兴威　单天德　周文洪　周红晓

前　言

随着计算机科学与技术的飞速发展，计算机在各个领域发挥着越来越大的作用，大学生的计算机实际动手能力和综合素质越来越受到学校和用人单位的重视。高职高专开设的“计算机文化基础”课程，除介绍基本的计算机文化基础知识外，更强调上机实训。必要的计算机应用技术已成为各级各类专门人才所必需的基础知识和基本技能。

本书是高职高专“计算机文化基础”课程的配套上机实训教程。根据高职高专“计算机文化基础”课程的实际情况，本实训教程采用任务引领型的方式进行编写，将知识点融入实训任务中，引领读者完成这些上机操作，以期达到快速掌握办公自动化应用技术，并掌握在网络环境下操作计算机进行现代信息处理的基本技能。本实训教程突出了内容新颖，面向应用，重视操作能力培养和综合应用，紧扣全国和各省计算机等级考试大纲，兼顾当今计算机应用领域等特点，是学生对所学知识的一次综合实践，也是对老师教学、学生学习的一次检验。

本书共分为15个上机实训，每个实训内容一般安排2课时进行上机操作练习。这15个实训覆盖了“计算机文化基础”课程教学大纲所要求的最基本的内容。本教程对上机实训的先后次序做了合理安排，并与教材章节基本同步。每个实训都列出了实训目的、环境、任务及操作步骤。本书所附光盘的内容为与实训任务相配套的练习文件，供学习者上机练习时使用，并有“计算机基础测评”软件，该软件有丰富的题库，并能自动判分，便于读者进行模拟练习。

本书的实训1、实训2由应莉编写，实训3、实训4由单天德编写，实训5、实训6由陈兴威编写，实训7、实训8由方蓉编写，实训9、实训10由周文洪编写，实训11、实训12由周红晓编写，实训13由张旺俏编写，实训14、实训15由李远远编写。全书由单天德负责总体设计，由单天德、陈兴威最后修改定稿。

该书在编写过程中得到了各级领导及同仁的热情支持、关心和帮助，在此一并表示衷心的感谢。由于时间仓促和水平有限，书中难免还存在一些不妥之处，请广大读者批评指正。

《计算机文化基础实训教程》编委会

2011年6月

目录

实训 1

计算机的基本操作

【实训目的】

1. 掌握计算机的启动与关闭。
2. 掌握鼠标的单击、双击、拖动、右击操作。
3. 掌握窗口切换、最大化、还原、最小化、移动、改变大小等操作。
4. 掌握“计算器”的计算和数制转换方法。
5. 了解键盘的使用，熟悉中英文录入。

【实训环境】

1. Windows XP 操作系统。
2. 本书配套光盘中的“实训 01”素材。

任务 1　计算机的启动与常用操作

【任务描述】

1. 启动 Windows XP。
2. 熟悉 Windows XP 桌面，掌握改变任务栏的位置等常用操作。
3. 打开“我的电脑”和“我的文档”，进行窗口切换、最大化、还原、最小化、移动、改变大小等操作。

【操作步骤】

1. 按下机箱上的电源开关，计算机经过自检后自动进入 Windows 操作系统（本书以 Win-

dows XP 操作系统为例)，屏幕会显示 Windows XP 的登录状态。

如果计算机设置了密码，选择相应的用户名，输入用户口令，如图 1-1 所示，进入 Windows XP 操作界面，如果计算机没有设置密码，单击选择相应的用户名（或直接按【Enter】键)，如图 1-2 所示，即可进入 Windows XP 操作界面，如图 1-3 所示。

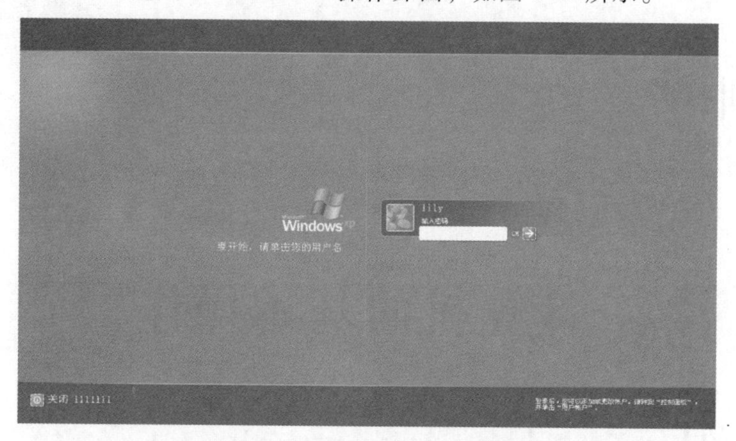

图 1-1 Windows XP 登录界面（设置密码）

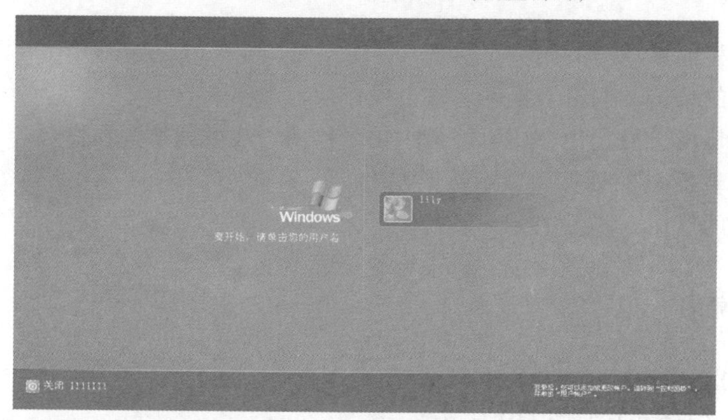

图 1-2 Windows XP 登录界面（无密码）

图 1-3 Windows XP 桌面

2. 桌面上通常有"我的电脑"、"网上邻居"、"回收站"等应用程序图标，单击桌面上的任一图标，观察变化。

"任务栏"最左端有"开始"菜单按钮，通过单击"开始"菜单按钮，可以执行应用程序、打开文档、关闭系统等操作，如图 1-4 所示。

"开始"菜单按钮右边是"快速启动"栏，单击某个图标，可以立即启动相应的程序。

"任务栏"右边是系统快捷图标（如输入法图标、声音控制图标）和系统时间。

改变任务栏的位置：将鼠标指向任务栏空白处，按住左键将其拖到屏幕顶部，然后释放鼠标左键，可以将任务栏移动到屏幕顶部。同样，可以将任务栏拖动到屏幕的左边和右边。

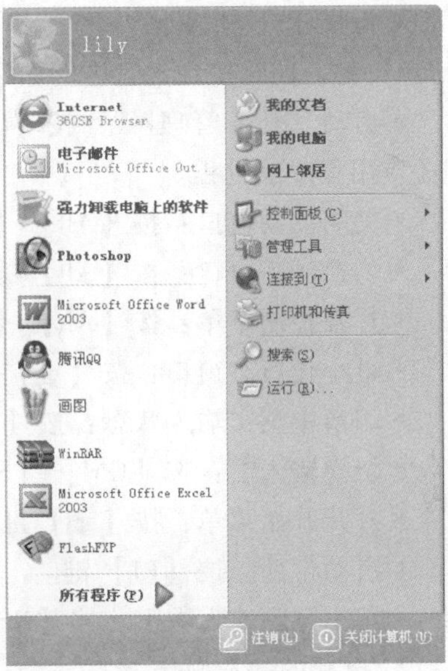

3. 在桌面上，用鼠标双击"我的电脑"，打开"我的电脑"窗口，在窗口右上方显示。

图 1-4　"开始"菜单

① 单击，使窗口最小化。

② 单击，窗口最大化，按钮图标变为，单击，窗口还原成原大小。

③ 在窗口标题栏处，按住鼠标左键不放，移动鼠标到目标位置后释放鼠标，该窗口被移动到新的位置。

④ 把鼠标移动到窗口的边框或角上，当鼠标变成双箭头时，按住鼠标左键进行拖动，可以改变窗口大小。

⑤ 双击打开"我的文档"窗口，在任务栏上单击"我的电脑"，进行窗口间切换。

任务 2　键盘和鼠标的操作

【任务描述】

1. 熟悉键盘分区，掌握各功能键的作用。
2. 进行鼠标的单击、双击、拖动、右击等操作。

【操作步骤】

1. 键盘的常用操作（此操作在任务 3 文字录入中完成）。

- 输入空格：用大拇指按【Space】键。
- 输入大写字母：按【CapsLock】键，指示灯亮，按字母键输入大写字母；输入小写字母：按【CapsLock】键，指示灯灭，按字母键输入小写字母。
- 删除光标左侧字符：按【BackSpace】键。

• 换行：按【Enter】键。

• 切换上下档或大小写：按住【Shift】键，同时按字母键，可输入大写字母；按住【Shift】键，同时按主键盘区的数字键，可输入相应符号。

• 启动“任务管理器”：按【Ctrl】+【Alt】+【Delete】组合键可以启动任务管理器，查看相关应用程序及进程。

• 关闭活动窗口：按【Alt】+【F4】键。

• 切换当前窗口：按【Alt】+【Esc】键。

• 打开控制菜单：按【Alt】+【Space】键。

• 最小化所有窗口：按【⊞】+【m】键。

• 切换中英文输入状态：按【Ctrl】+【Space】键。

• 切换输入法：按【Ctrl】+【Shift】键。

• 打开开始菜单：按【⊞】键。

• 启动帮助：按【F1】键。

• 用小键盘输入数字：按【NumLock】键，指示灯亮，输入数字。

2. 鼠标的基本操作。

• 单击：将鼠标指向桌面上“我的电脑”图标，按一下鼠标左键，观察图标变化。

• 双击：将鼠标指向桌面上“我的电脑”图标，快速地连续按鼠标左键两次，打开“我的电脑”窗口。

• 拖动：将鼠标指向桌面上“我的电脑”图标，按住鼠标左键不放，移动鼠标，到目标位置后释放鼠标，该图标被移动到新的位置。

• 右击：在桌面的空白处单击鼠标右键，弹出如图1-5所示的快捷菜单；在“我的电脑”图标处右击，弹出如图1-6所示的快捷菜单，比较两个快捷菜单的不同。

图1-5 右击“桌面”弹出的快捷菜单

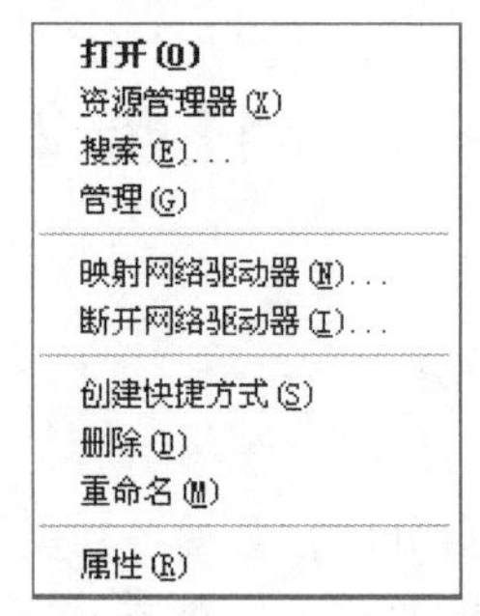

图1-6 右击“我的电脑”弹出的快捷菜单

任务3 文本的录入

【任务描述】

1. 进行不同输入法之间的切换。

2. 打开光盘中“实训01”文件夹下的“英文录入（最后一片叶子）1. doc”和“英文录入（最后一片叶子）2. doc”进行英文录入，打开“兴趣不是最好的老师1. doc”、“兴趣不是最好的老师2. doc”和“兴趣不是最好的老师3. doc”进行中文录入。

【操作步骤】

1. 输入法的切换。

① 使用鼠标选择输入法。单击任务栏右边的输入法图标打开输入法选择菜单，在菜单中单击选定某种输入法，如图1-7所示。若选定的是“智能ABC输入法”，则出现如图1-8所示的输入法工具栏。

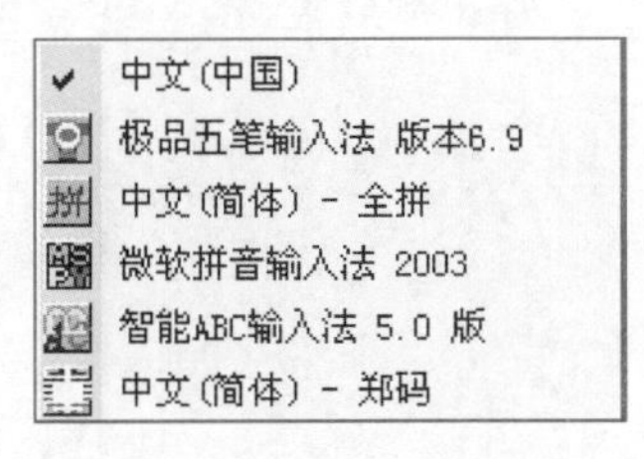

图1-7 输入法菜单

图1-8 “智能ABC输入法”工具栏

在输入法工具栏中单击图标按钮，使图标变为，可从半角切换为全角输入方式；再单击该按钮，图标又变为，则恢复为半角输入方式。单击输入法工具栏上的图标按钮，使图标变为，可实现中文和英文标点的切换。

在智能ABC的中文输入状态下，若要输入全角的英文字符，可单击输入法工具栏最左边的中英文切换按钮，使之变成，即可输入英文。

② 使用键盘命令选择输入法。

- 按【Ctrl】+【Space】组合键进行中英文切换。
- 连续按【Ctrl】+【Shift】组合键，可以切换系统中已安装的各种输入法。
- 按【Shift】+【Space】组合键，可以进行半角和全角输入方式的切换。
- 按【Ctrl】+【.】组合键，可进行中英文标点的切换。

③ 软键盘的使用。软键盘又称模拟键盘，键盘上没有的特殊符号可通过软键盘输入。Windows XP中的绝大多数输入法都支持软键盘功能，用鼠标单击输入法工具栏中的软键盘图标按钮开启软键盘，系统默认打开PC键盘。

选择软键盘的常用方法是将鼠标指针指向软键盘图标按钮，单击鼠标右键，弹出选择快捷菜单，如图1-9所示，在菜单中选择所需的软键盘。

✔ PC键盘	标点符号
希腊字母	数字序号
俄文字母	数学符号
注音符号	单位符号
拼　音	制表符
日文平假名	特殊符号
日文片假名	

图1-9 软键盘

当不需使用软键盘时可关闭软键盘。关闭软键盘的方法是：用鼠标单击输入法工具栏中的软键盘图标按钮。

思考：如何使用软键盘输入“★”？

2. 在桌面上双击“我的电脑”图标，打开“我的电脑”窗口，如图 1-10 所示。双击光盘图标，打开“实训 01”文件夹，打开相应的文字录入文件，选择一种熟悉的输入法，进行文字录入操作练习。注意，键盘输入时务必用正确的指法和姿势进行操作。

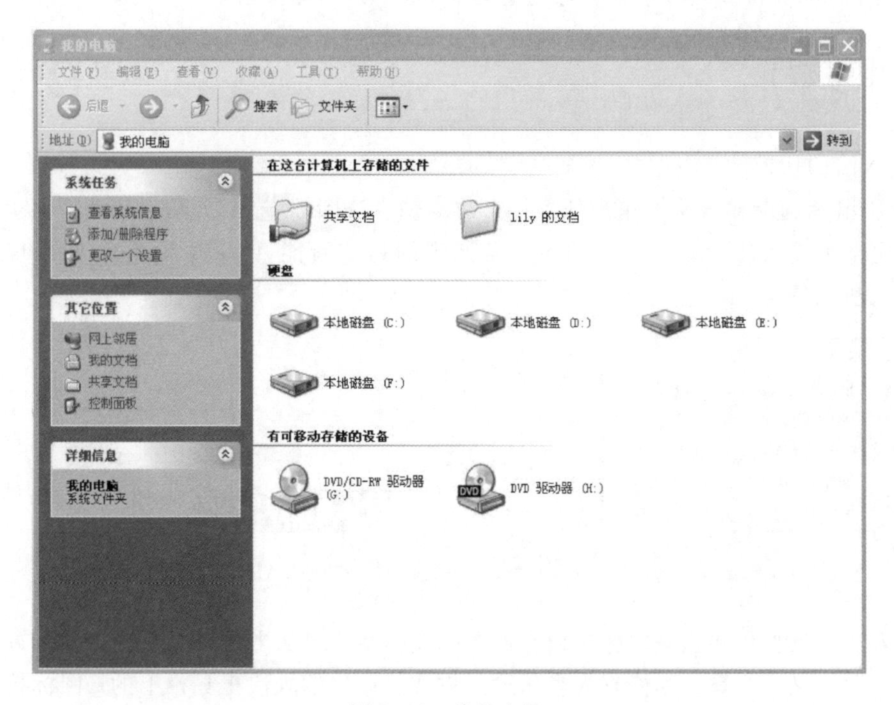

图 1-10　我的电脑

任务 4　“计算器”的使用

【任务描述】

启动“计算器”程序，将八进制数“76”转换成二进制数，然后再转换成十六进制数，并观察其结果。

【操作步骤】

单击任务栏上“开始”按钮，选择“开始”→“所有程序”→“附件”→“计算器”菜单命令，打开“计算器”窗口，如图 1-11 所示。

在计算器窗口中选择菜单“查看”→“科学型”，打开如图 1-12 所示的“计算器”窗口。在窗口中选择“八进制”，输入“76”，在“计算器”窗口中选择“二进制”，则计算器上显示二进制数值“111110”；在“计算器”窗口中选择“十六进制”，则计算器上显示十六进制数值“3E”。

图 1-11　打开"计算器"应用程序

图 1-12　科学型"计算器"窗口

任务5　计算机的关闭

【任务描述】

关闭计算机，并思考"关闭"、"重新启动"、"待机"三个选项的含义。

【操作步骤】

先关闭打开的应用程序和窗口，单击任务栏上“开始”按钮，在弹出的菜单中选择“关闭计算机”，如图 1-13 所示，选择“关闭”选项，最后单击“关闭”按钮即可关闭计算机，如图 1-14 所示。

图 1-13 选择“关闭计算机”

图 1-14 “关闭计算机”对话窗口

注意：如果计算机处于死机状态，那么可用以下方法关机：

- 如果计算机处于“假死”状态（程序还在运行，但除了鼠标能移动，其他操作都不能进行），可按【Ctrl】+【Alt】+【Delete】组合键，打开任务管理器，关闭未响应的进程，再正常关机。
- 如果计算机已经完全不可操作，可长按电源键 5 秒，将强行关机。

思考：“关闭计算机”对话框中的选项“关闭”、“重新启动”、“待机”三种操作有何不同。

实训 2

Windows 文件管理及控制面板操作

【实训目的】

1. 熟悉“资源管理器”的打开，掌握查找、浏览、新建、复制、移动和删除文件（夹）、查看文件（夹）属性等操作。

2. 掌握快捷方式的创建。

3. 熟悉“回收站”的还原与清空。

4. 熟练掌握控制面板中的系统日期和时间、桌面背景、屏幕保护程序、区域选项、输入法的设置，学会添加和删除程序。

5. 了解打印机的添加与删除。

6. 掌握任务栏属性的设置。

【实训环境】

1. Windows XP 操作系统。

2. 本书配套光盘中的“实训 02”素材。

任务 1　文件与文件夹操作

【任务描述】

1. 启动“资源管理器”。

2. 文件（夹）的查找和浏览操作。

3. 将光盘中的“实训 02”复制到 D 盘下，并在“实训 02”文件夹下分别新建文件夹“SX021”和“SX022”。

4. 在“实训 02”文件夹下新建文件“computer. doc”，并在该文件中输入文字“计算机文化基础上机练习”。

5. 将“实训 02”文件夹下的文件“computer. doc”分别复制到“SX021”和“SX022”文件夹中，并将“SX022”文件夹下的文件“computer. doc”改名为“SX02. txt”。

6. 将“SX022”文件夹移动到“SX021”文件夹下，并将文件夹“SX022”改名为“练习二”。

7. 将“实训 02”文件夹下的文件“computer. doc”属性设置为“只读”和“隐藏”。

8. 删除“SX021”文件夹下的文件“computer. doc”，删除 D 盘下的“实训 02”文件夹。

【操作步骤】

1. 启动“资源管理器”。

方法一：选择“开始”→“程序”→“附件”→“Windows 资源管理器”菜单命令，如图 2-1 所示，运行“资源管理器”程序，如图 2-2 所示。

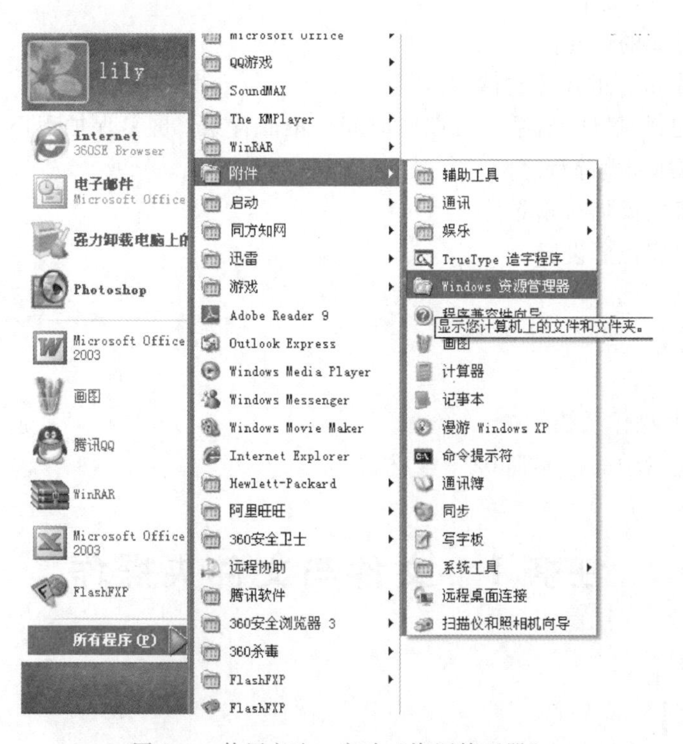

图 2-1 使用方法一启动“资源管理器”

图 2-2　“资源管理器”界面

方法二：在“开始”按钮上单击鼠标右键，在出现的快捷菜单中选择“资源管理器”菜单项，如图 2-3 所示。

方法三：在桌面上“我的电脑”图标处单击鼠标右键，在出现的快捷菜单中选择“资源管理器”项，如图 2-4 所示。

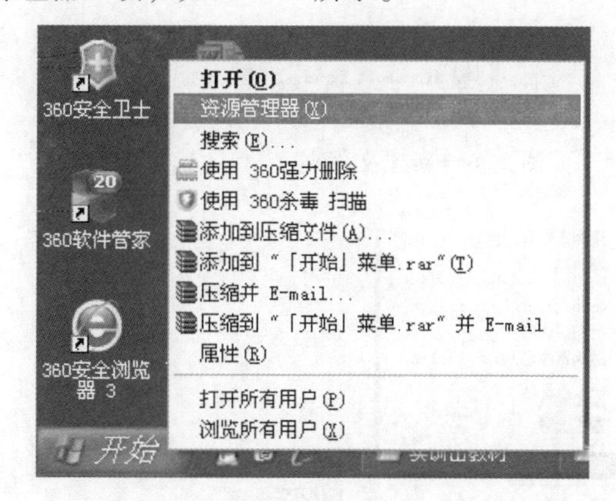

图 2-3　使用方法二启动“资源管理器”

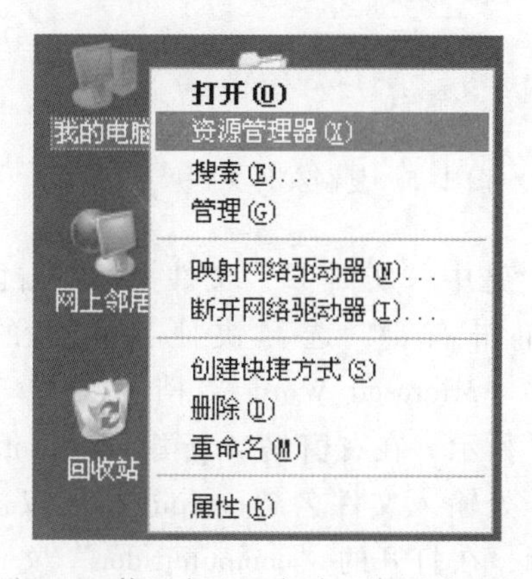

图 2-4　使用方法三启动“资源管理器”

2. 文件（夹）的查找和浏览操作。

① 查找文件或文件夹。

方法一：选择菜单“开始”→“搜索”→“文件或文件夹”命令。

方法二：打开“我的电脑”，在工具栏中单击“搜索”，启动“搜索”程序。

方法三：在“资源管理器”窗口中，选择菜单“查看”→“浏览器栏”→“搜索”命令。

② 浏览文件或文件夹。

• 改变文件和文件夹显示方式：选择菜单“查看”，按需要选择“缩略图”、“平铺”、“图标”、“列表”和“详细信息”其中之一的命令。

• 排列文件和文件夹图标：选择菜单“查看”→“排列图标”命令，可选择按“名称”或“大小”或“类型”或“修改时间”排列。

3. 打开配套光盘选择“实训 02”文件夹，单击鼠标右键，选择“复制”命令，打开 D 盘，在右窗格空白处单击右键，选择“粘贴”命令，如图 2-5 所示。打开“实训 02”文件夹，在右空格空白处单击右键，选择快捷菜单中的“新建”→“文件夹”命令，如图 2-6 所示，在右窗格“新建文件夹”处输入文件夹名“SX021”，用同种方法新建文件夹“SX022”。

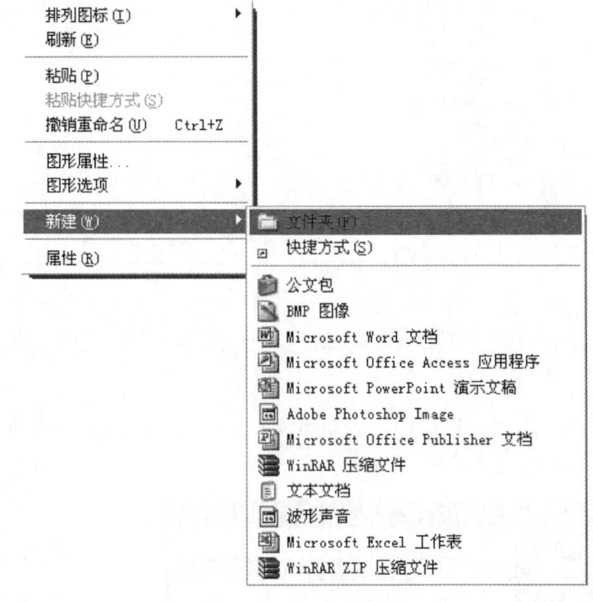

图 2-5 复制文件夹

图 2-6 新建文件夹

4. 选中“实训 02”文件夹，在右窗格空白处单击右键，选择快捷菜单中的“新建”→“Microsoft Word 文档”菜单项，如图 2-7 所示，在右窗格“新建 Microsoft Word 文档”处输入文件名“computer”。双击该文件图标，在打开的“computer. doc”文件中输入文字“计算机文化基础上机练习”，单击“保存”按钮，并按右上角的“关闭”按钮关闭文档，如图 2-8 所示。

5. 展开“实训 02”文件夹，选择右窗格中的文件“computer. doc”，单击右键，选择快捷菜单中的“复制”命令，选中“资源管理器”左窗格中“SX021”文件夹，在右窗格中单击右键，选择快捷菜单中的“粘贴”命令，

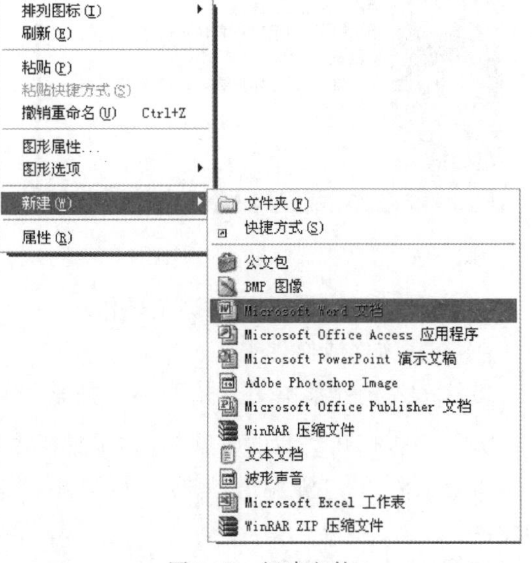

图 2-7 新建文件

图 2-8　输入相应文字

按同样方法将文件复制到"SX022"文件夹中。在"SX022"文件夹的右窗格中选中"computer.doc"，单击右键，选择快捷菜单中的"重命名"选项，如图 2-9 所示，输入新文件名"SX02.txt"后按【Enter】键确定。

注意，在文件的扩展名未显示的情况下，重命名会出现错误，应在菜单"查看"→"文件夹选项"→"查看"选项卡中取消选中"隐藏已知文件类型的扩展名"，如图 2-10 所示，再重命名文件。

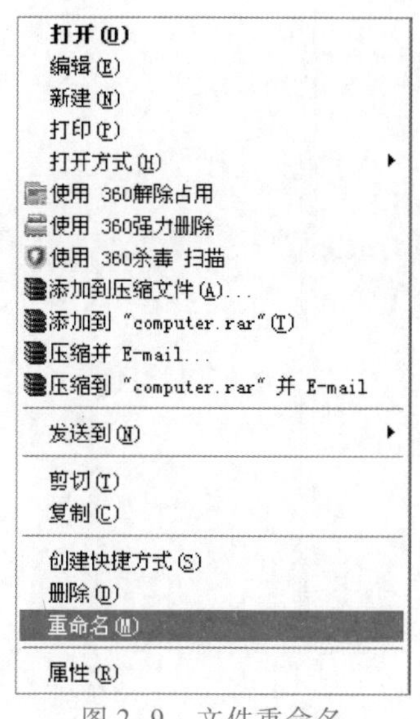

图 2-9　文件重命名

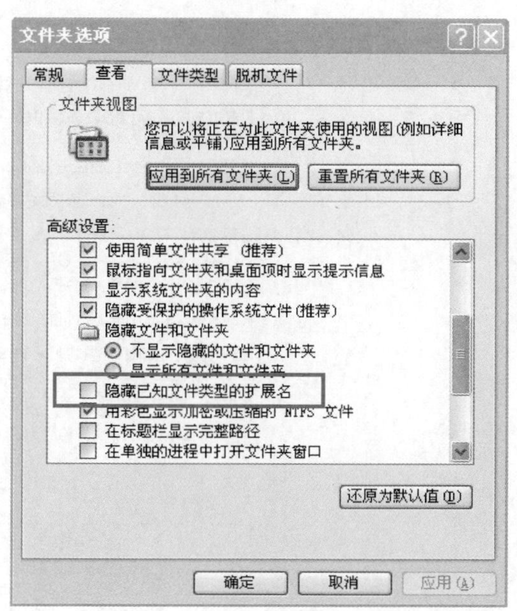

图 2-10　"文件夹选项"对话框

6. 右键单击“实训 02”文件夹下的“SX022”文件夹，选择快捷菜单中的“剪切”菜单项，如图 2-11 所示。选中“SX021”文件夹，在右窗格中单击右键，选择快捷菜单中的“粘贴”命令，并选中文件夹“SX022”，将其重命名为“练习二”。

7. 右键单击“实训 02”文件夹下的文件“computer. doc”，选择快捷菜单中的“属性”命令，如图 2-12 所示，在弹出的“属性”对话框中选中“只读”和“隐藏”选项，如图 2-13 所示。

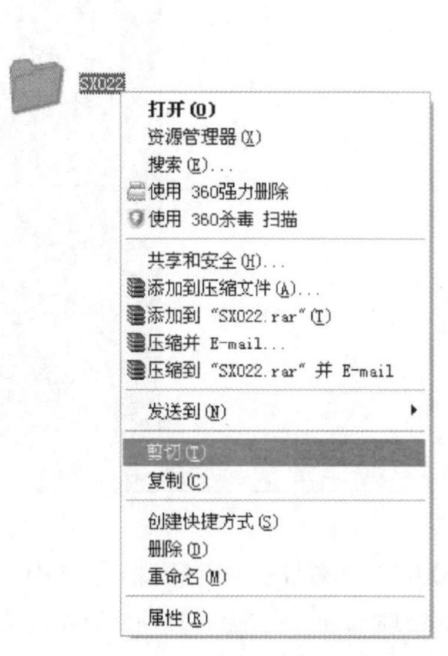

图 2-11 剪切文件夹

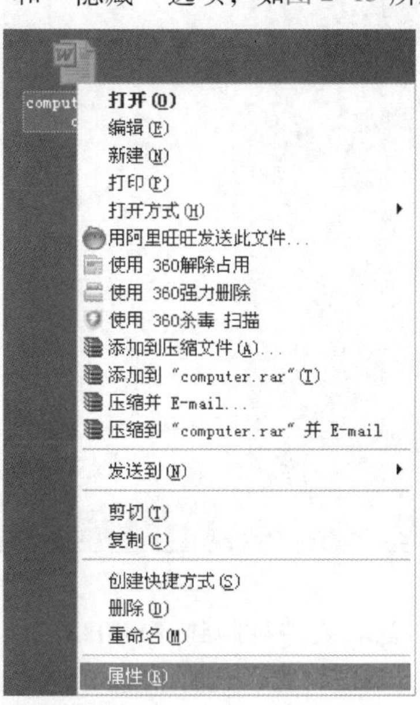

图 2-12 选择“属性”

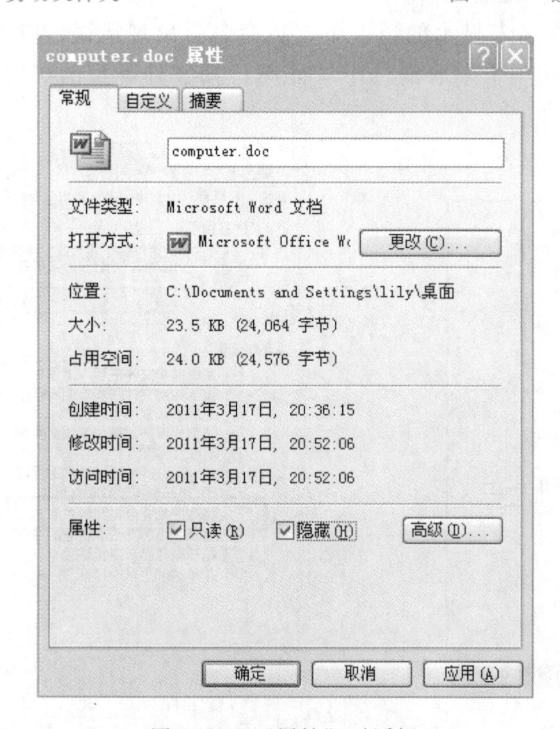

图 2-13 “属性”对话框

8. 选中“SX021”文件夹下的文件“computer. doc”，单击工具栏中的“删除”按钮 ×，当出现“确认文件删除”对话框时，单击“是”按钮，如图 2-14 所示，按类似方法删除 D 盘中的“实训 02”文件夹。

图 2-14 删除“computer. doc”文件

任务 2 快捷方式的创建

【任务描述】

查找到应用程序“EXCEL. EXE”，并在桌面上创建其快捷方式，快捷方式名为“电子表格”，并将该快捷方式添加到“快速启动”项中。

【操作步骤】

选择菜单“开始”→“搜索”命令，打开“搜索结果”窗口，如图 2-15 所示，单击“所有文件和文件夹”，打开如图 2-16 所示窗口。

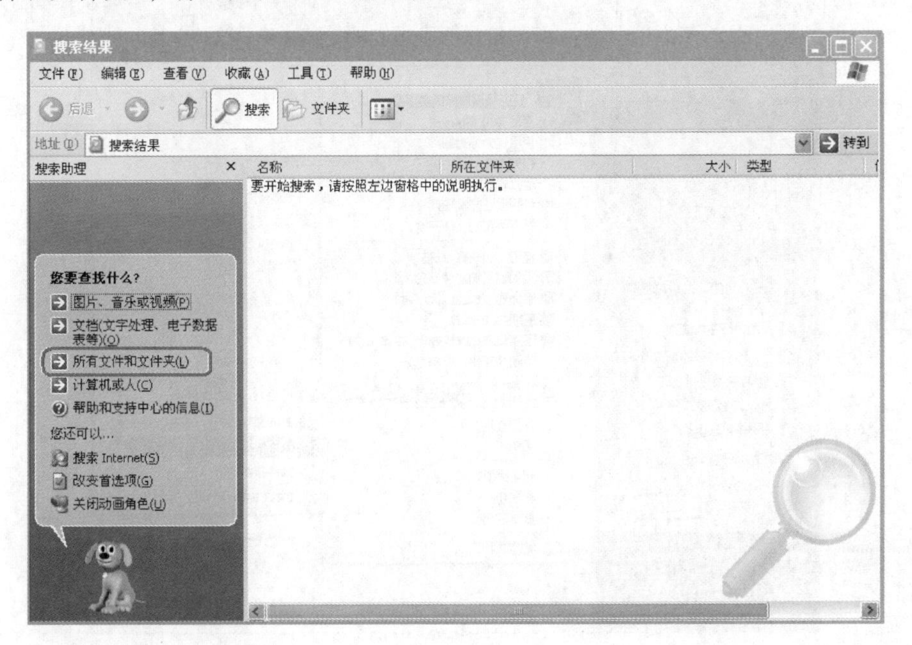

图 2-15 “搜索结果”窗口

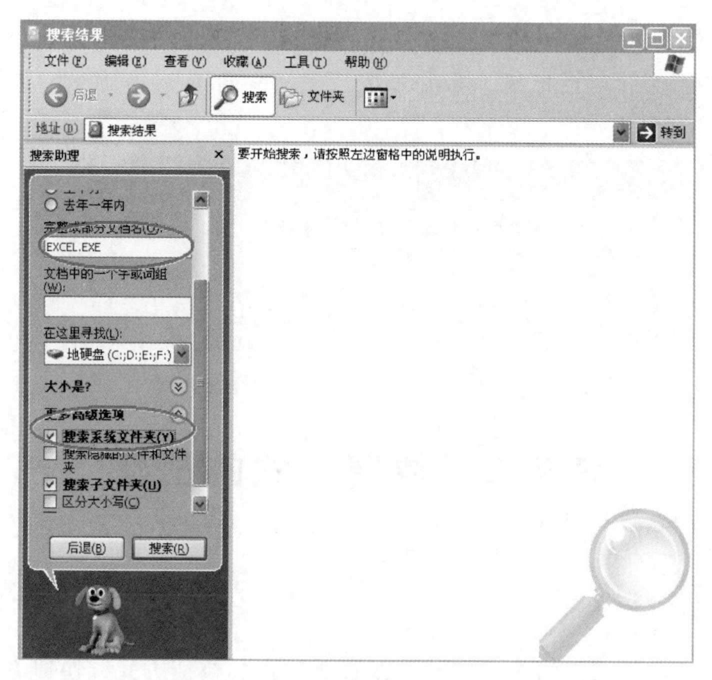

图 2-16　搜索“EXCEL. EXE”文件

在“全部或部分文件名（O）:”处输入要搜索的文件名“EXCEL. EXE”，在更多高级选项中选中“搜索系统文件夹”，单击“搜索”按钮，完成后在右窗格查找到的文件中选中“EXCEL. EXE”，单击鼠标右键，选择“发送到”→“桌面快捷方式”菜单项，如图 2-17 所示。

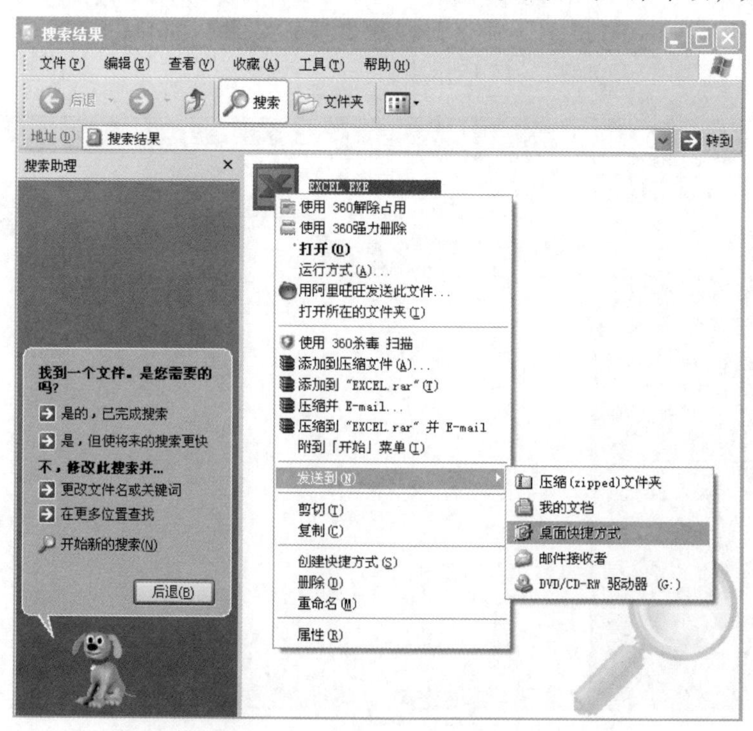

图 2-17　发送到“桌面快捷方式”

在桌面上选中![icon]，单击鼠标右键，选择“重命名”，将快捷方式重命名为“电子表格”，在创建的快捷方式“电子表格”处按住鼠标左键拖动到“快速启动”项中，如图 2-18 所示。

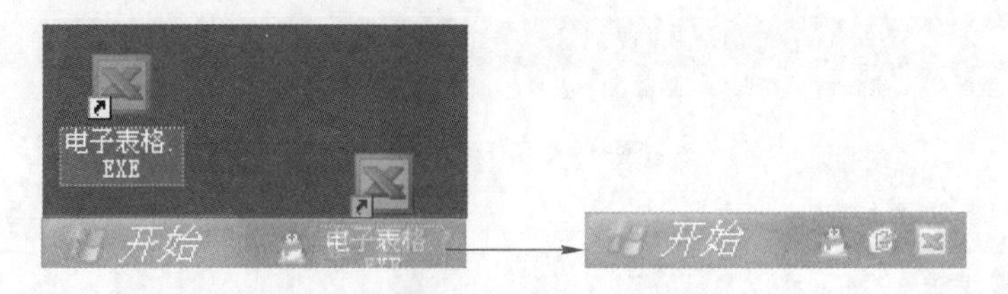

图 2-18 创建“快速启动”项快捷方式

任务3 “回收站”的使用

【任务描述】

打开“回收站”，还原任务 2 中删除的文件夹“实训 02”，删除任务 2 中删除的文件“computer. doc”，然后清空“回收站”。

【操作步骤】

在桌面上双击“回收站”图标，在打开的“回收站”窗口中选中“实训 02”文件夹，选择“还原此项目”，如图 2-19 所示。

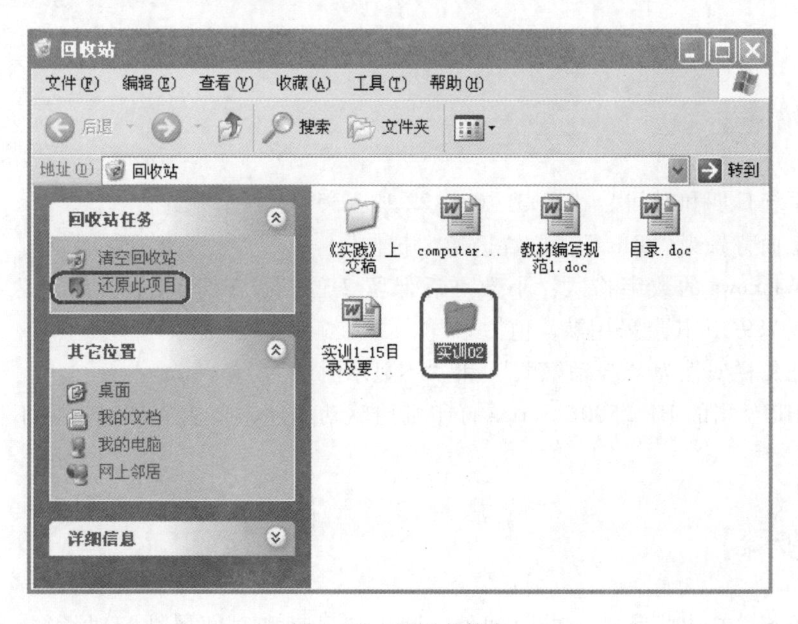

图 2-19 还原文件夹

在“回收站”窗口中选中“computer.doc”文件，单击右键，选择“删除”命令，如图 2-20 所示。

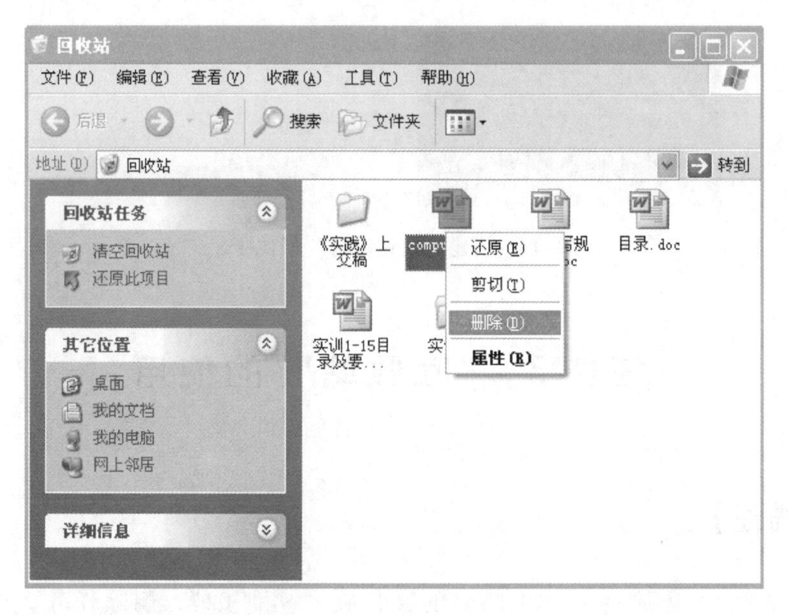

图 2-20 删除回收站中的文件

在“回收站”窗口中单击“清空回收站”按钮，出现“确认文件删除”对话框，单击“是”按钮清空回收站。

任务 4 控制面板中常用属性操作

【任务描述】

1. 设置系统日期和时间为“2011－03－22 19：35”。

2. 设置桌面背景为“Bliss”，位置选择“拉伸”。

3. 设置 Windows 的数字格式：小数点后保留 2 位，数字分组符号为“；”，数字分组为“12，34，56，789”，其余采用默认值。

4. 设置任务栏属性为“自动隐藏”和“不显示时钟”。

5. 安装 HP 公司的 HP 2500C Series 打印机的驱动程序，要求安装过程中不检测打印机且不打印测试页。

【操作步骤】

1. 双击任务栏右边状态栏上的时间处，弹出“日期和时间属性”对话框，如图 2-21 所示。单击“年份”编辑框右侧的微调按钮（上下箭头）至“2011”；单击“月份”编辑框中右侧的下拉箭头按钮，在弹出的月份菜单中选择“三月”；在“日期”列表中单击选中日期“22”。

图 2-21　“日期和时间属性”对话框

在右边时钟文本框中选中小时处，输入“19”或单击微调按钮至“19”；选中分钟处，输入“35”或单击微调按钮至“35”。单击“应用”按钮应用所作更改，单击“确定”按钮完成设置。

2. 打开“控制面板”，单击“外观和主题”，如图2-22所示。在“外观和主题”窗口中，单击“显示”图标，如图2-23所示，选择“桌面”选项卡，在“背景”列表中选择“Bliss”，在“位置”下拉列表中选择“拉伸”，如图2-24所示。

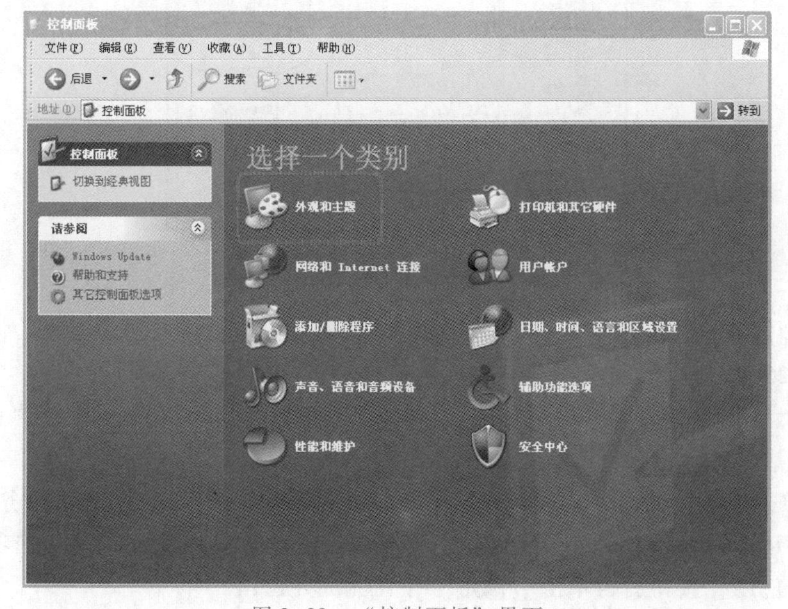

图 2-22　“控制面板”界面

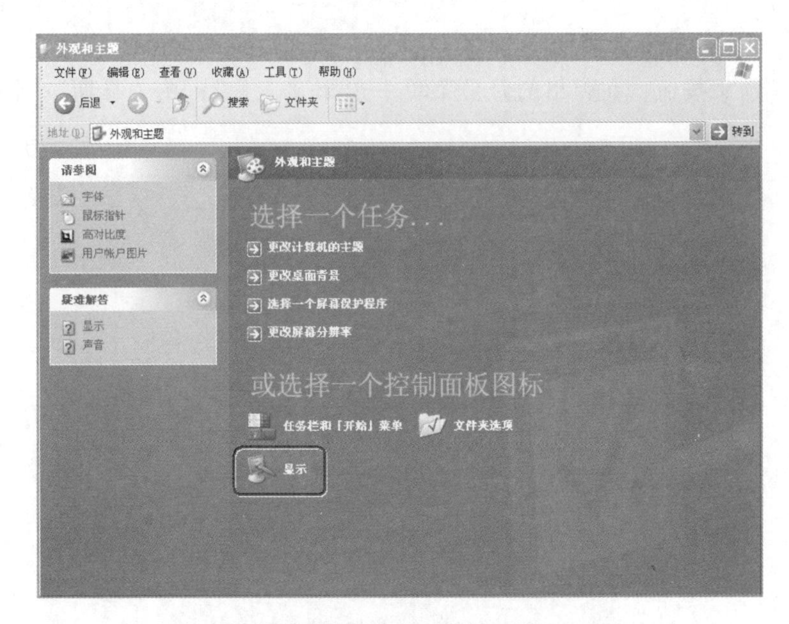

图2-23 “外观和主题”界面

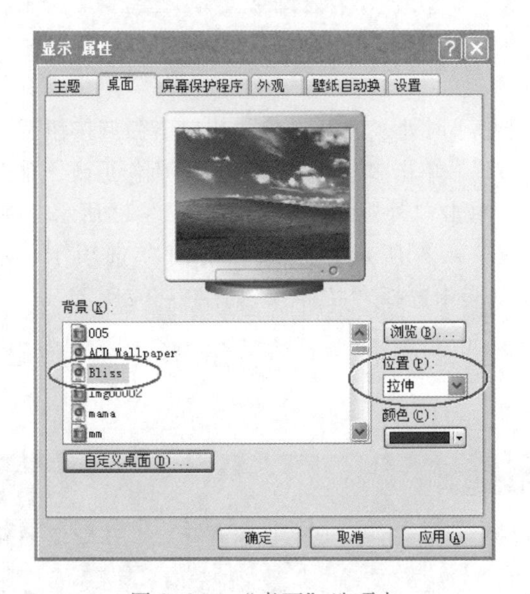

图2-24 “桌面”选项卡

3. 在“控制面板”中单击“日期、时间、语言和区域设置”图标，选择“区域和语言选项”，如图2-25所示。单击“自定义”按钮，如图2-26所示，选择“数字”选项卡，在“小数点后位数”下拉列表中选择“2”，在“数字分组符号”处用键盘输入“;”，在“数字分组”下拉列表中选择“12，34，56，789”，其他设置不变，如图2-27所示。

4. 右键单击任务栏空白处，选择快捷菜单中的“属性”命令，弹出“任务栏和「开始」菜单属性”对话框，选中“自动隐藏任务栏”选项，取消选中“显示时钟”选项，如图2-28所示。单击“应用”按钮后再单击“确定”按钮完成并退出。

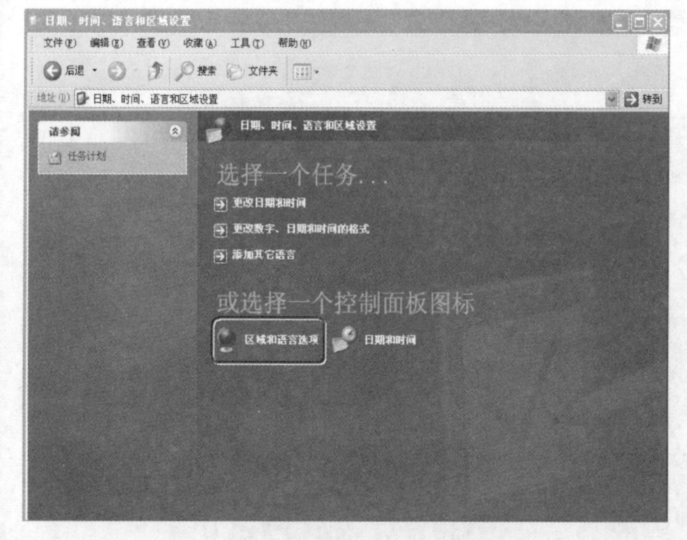

图2-25　“日期、时间、语言和区域设置”界面

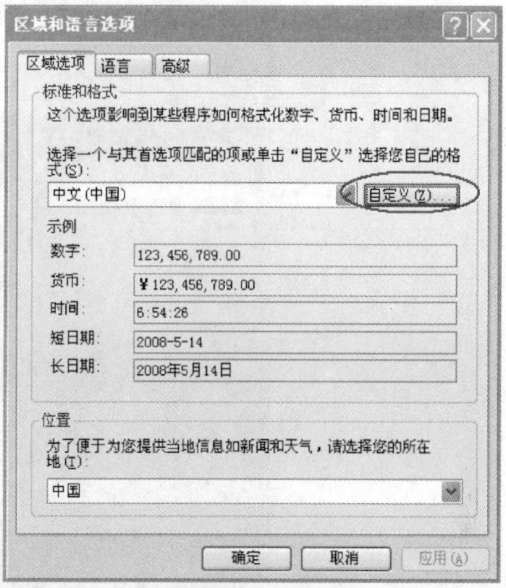

图2-26　“区域和语言选项”对话框

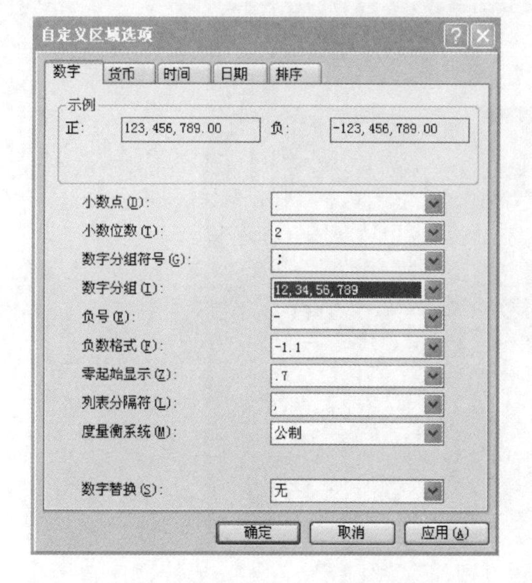

图2-27　“自定义区域选项”对话框之“数字”选项卡

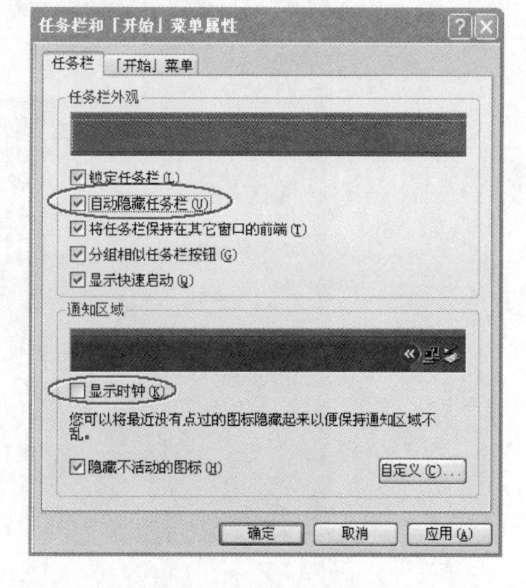

图2-28　“任务栏和「开始」菜单属性”

5. 在“控制面板”中单击“打印机和其他硬件”图标，如图2-29所示。单击“添加打印机”，如图2-30所示，打开“添加打印机”窗口，单击“下一步”按钮，如图2-31所示。

在“本地打印机”中取消选中“自动检测并安装我的即插即用打印机”复选框，单击“下一步”按钮。在“选择打印机端口”对话框中单击“下一步”按钮，在弹出的对话框中的选择厂商“HP”，在右边打印机型号中选择“HP 2500C Series”，如图2-32所示，单击“下一步”按钮。

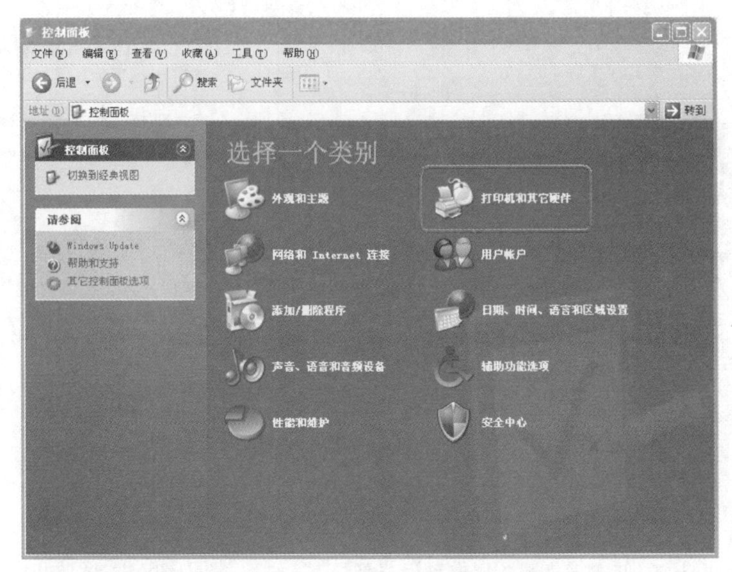

图 2-29 “控制面板”界面

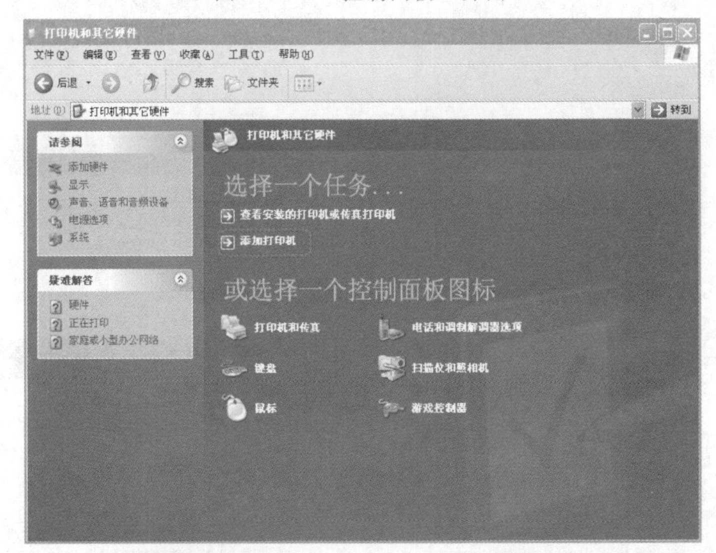

图 2-30 “打印机和其他硬件”界面

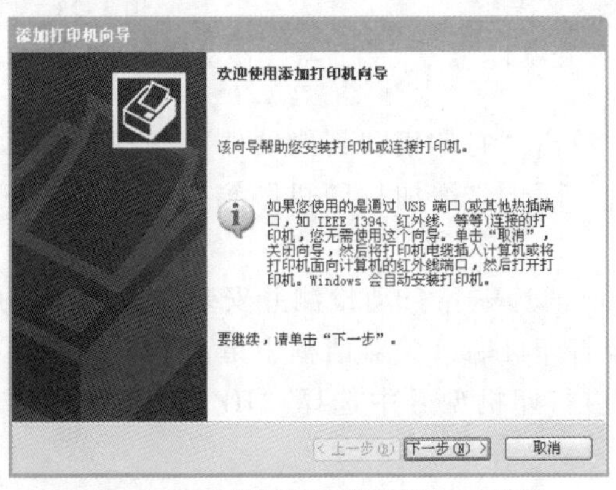

图 2-31 “添加打印机向导”对话框

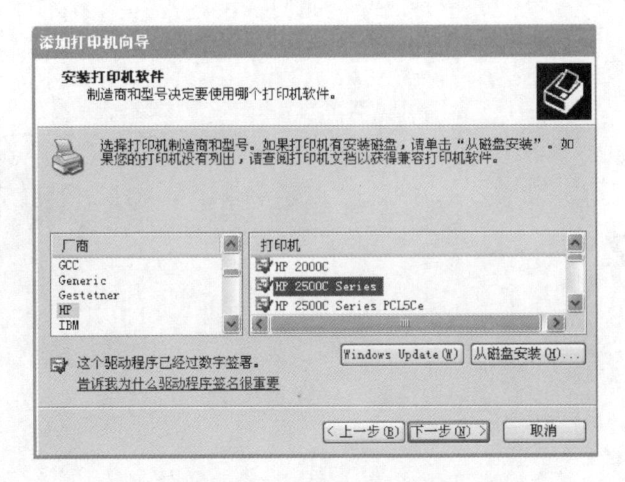

图 2-32　选择打印机的型号

在"命名打印机"对话框中保持默认值，单击"下一步"按钮，在"打印测试页"对话框的"要打印测试页吗?"下方选择"否"，单击"下一步"按钮，单击"完成"按钮后，打印机图标即显示在"打印机"窗口中，如图 2-33 所示。

图 2-33　"打印机和传真"界面

实训 3

使用 Word 编排文摘小报

【实训目的】

1. 熟悉 Word 2003 的启动与退出，掌握文档的新建和保存。

2. 熟练掌握在 Word 中进行文字录入、编辑、字体格式、段落格式、项目符号设置等操作。

3. 掌握文本的查找与替换。

4. 掌握边框与底纹的设置。

5. 掌握段落分栏的设置。

6. 掌握首字下沉的设置。

【实训环境】

1. Windows XP 操作系统。

2. Microsoft Office Word 2003。

3. 本书配套光盘中的“实训 03”素材。

任务 1　启动 Word 并新建 Word 文档

【任务描述】

启动 Word 2003，在 Word 文本编辑区中输入“文摘精粹”，然后以文件名“文摘小报. doc”

保存至桌面。

【操作步骤】

选择“开始”→“程序”→“Microsoft Office”→“Microsoft Office Word 2003”菜单项，如图 3-1 所示，启动 Word 2003，启动后的窗口如图 3-2 所示。

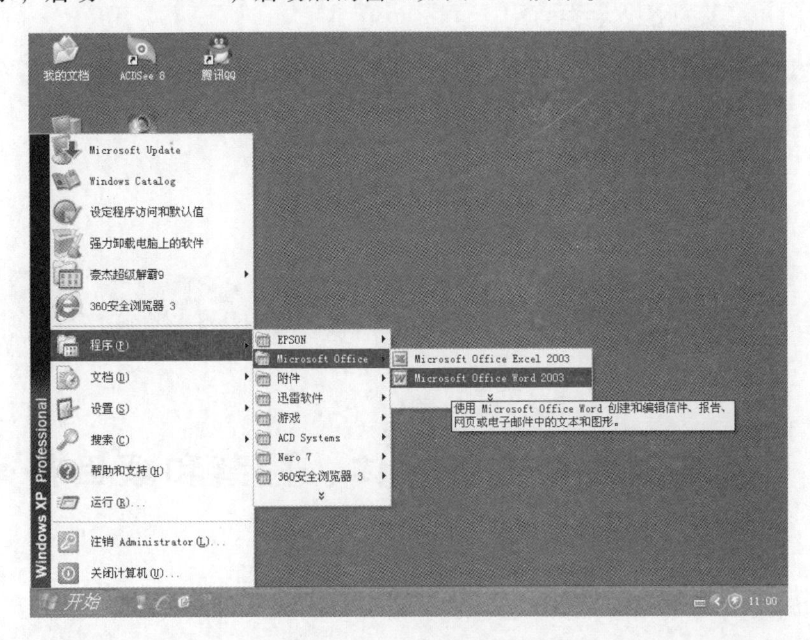

图 3-1　启动 Word

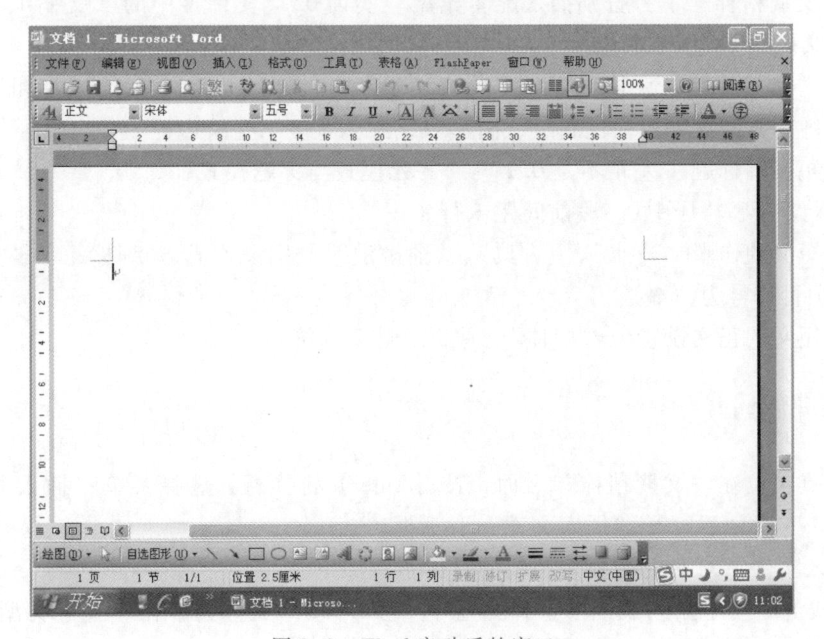

图 3-2　Word 启动后的窗口

在Word 2003窗口的文本编辑区输入文字“文摘精粹”。单击常用工具栏中的“保存”按钮（第一次保存文件），或选择菜单“文件”→“另存为”命令，打开“另存为”对话框。“保存位置”选择“桌面”，在“文件名”文本框中输入“文摘小报”，单击对话框右下方的“保存”按钮，如图3-3所示。

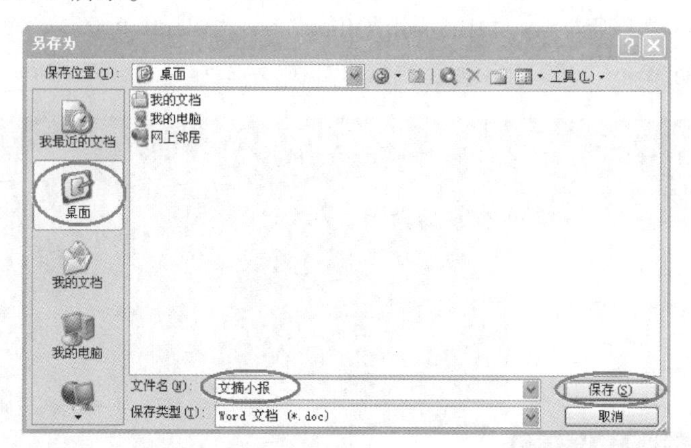

图3-3 Word文档“另存为”对话框

任务2 插入文件并进行字体、段落和项目符号设置

【任务描述】

1. 在“文摘精粹”下方分别插入配套光盘“实训03”文件夹中的“文摘1. txt”、“文摘2. txt”和“文摘3. txt”三篇短文。

2. 标题“文摘精粹”字体设置成“华文新魏”、“二号”、“蓝色”、“加粗”、“阴影”，“居中”，并将文字设置成浅绿色底纹、阴影双线红色宽度1.5磅边框。

3. 三篇短文的标题“差距不是0.1”、“等死模式与穿越模式”、“从容一生”分别设置成“四号”、“深红色”、“居中”、段前间距1行。

4. 三篇短文的作者“流水”、“古典”、“俞敏洪”分别设置成“楷体”、“居中”、段后间距0.5行，项目符号为“●”。

5. 三篇短文的正文设置为“楷体”、首行缩进2字符。

【操作步骤】

1. 插入点定位在“文摘精粹”后面，按【Enter】键换行，选择菜单“插入”→“文件”命令，如图3-4所示，打开“插入文件”对话框。

在“插入文件”对话框中插入文档的具体步骤如下。

①“查找范围”下拉列表框中选择光盘中“实训03”文件夹，在“文件类型”下拉列表框中选择“所有文件（*. *）”，如图3-5所示。

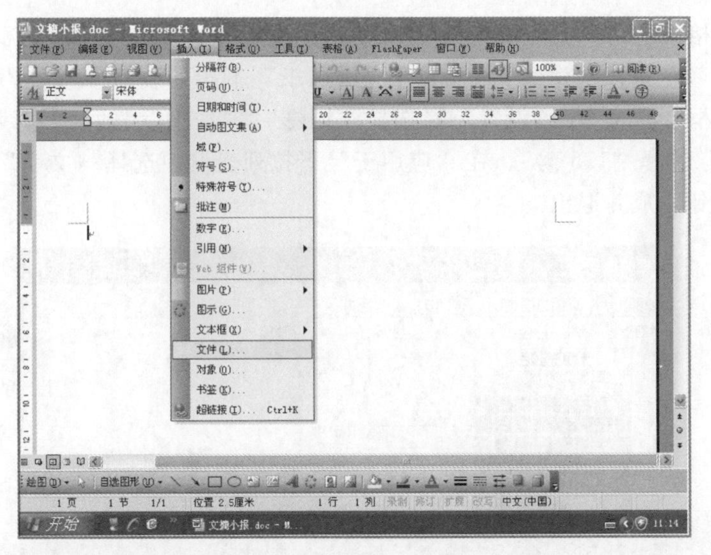

图 3-4　菜单“插入”→“文件”命令

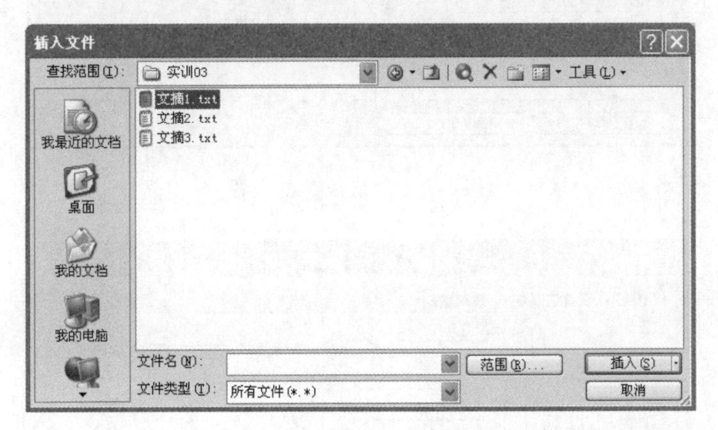

图 3-5　插入文件操作

② 选择要插入的文本文件“文摘 1. txt”，单击对话框右下方的“插入”按钮。

按同样方法插入“文摘 2. txt”和“文摘 3. txt”文件。

2. 选中标题文字“文摘精粹”，选择菜单“格式”→“字体”命令，打开“格式”对话框。在“字体”选项卡的“中文字体”下拉列表框中选择“华文新魏”，“字形”列表框中选择“加粗”，“字号”列表框中选择“二号”，“字体颜色”下拉框中选择“蓝色”，选中“效果”下方“阴影”复选框，单击“确定”按钮完成设置，如图 3-6 所示。

单击“格式”工具栏中“≡”按钮使标题文字居中。

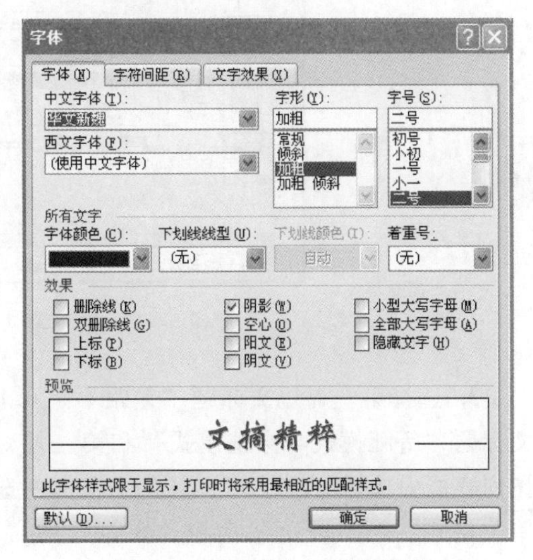

图 3-6　“字体”对话框设置

选择菜单“格式”→“边框和底纹”命令，打开“边框和底纹”对话框。在“底纹”选项卡中“填充”颜色选择“浅绿”，右下方“应用于”下拉列表框中选择“文字”，如图 3-7 所示。选择“边框”选项卡，“设置”栏选择“阴影”，“线型”选择“双线”，“颜色”选择“红色”，“宽度”选择“1.5 磅”，在“应用于”下拉列表框中选择“文字”，如图 3-8 所示，单击“确定”按钮完成并退出。

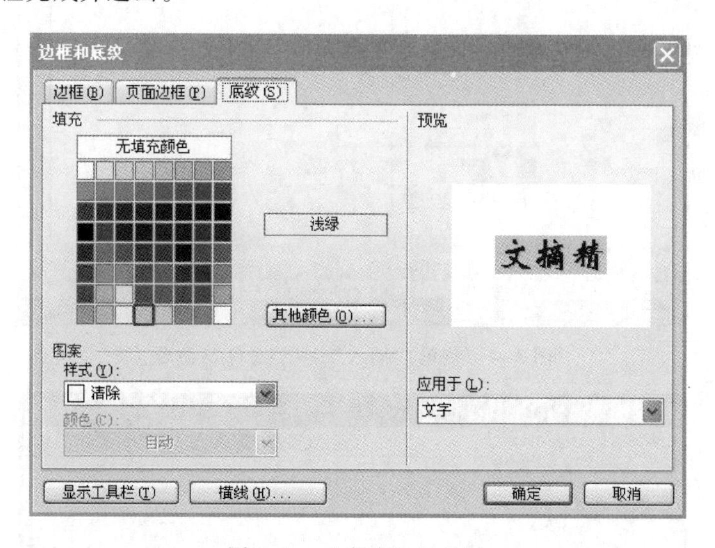

图 3-7 “底纹”的设置

图 3-8 “边框”的设置

3. 选择第一篇短文标题“差距不是 0.1”所在行，然后按住【Ctrl】键分别选择第二篇短文标题“等死模式与穿越模式”和第三篇短文标题“从容一生”，在“格式”工具栏字号下拉列表框中选择“四号”、颜色下拉框中选择“深红色”、单击“居中”按钮。选择菜单“格式”→“段落”命令，在打开的“段落”对话框“间距”的“段前”间距设为“1 行”，如图 3-9 所示，单击“确定”按钮。

4. 选择第一篇短文作者“流水”所在行，并按住【Ctrl】键分别选择其他两篇短文的作者“古典”、“俞敏洪”所在行，在“格式”工具栏中字体下拉列表框中选择“楷体_GB2312”、单击“[居中]”按钮。选择菜单“格式”→“段落”命令，在打开的“段落”对话框“间距”的“段后”间距设为“0.5 行”，单击“确定”按钮。选择菜单“格式”→“项目符号和编号”命令，在打开的“项目符号和编号”对话框的“项目符号”选项卡中选择项目符号为“●”，如图3-10所示，单击“确定”按钮完成并退出。

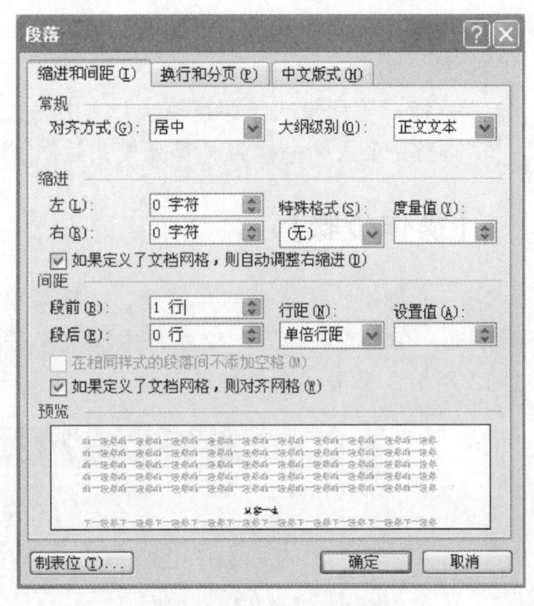

图3-9　“段落”对话框

5. 按同样方法分别选择三篇短文的正文，在“格式”工具栏中选择字体为“楷体_GB2312”。选择菜单“格式”→“段落”命令，在打开的“段落”对话框“缩进”区域的“特殊格式”下拉列表框中选择“首行缩进”，右边“度量值”设为“2 字符”，如图3-11所示，单击“确定”按钮完成并退出。

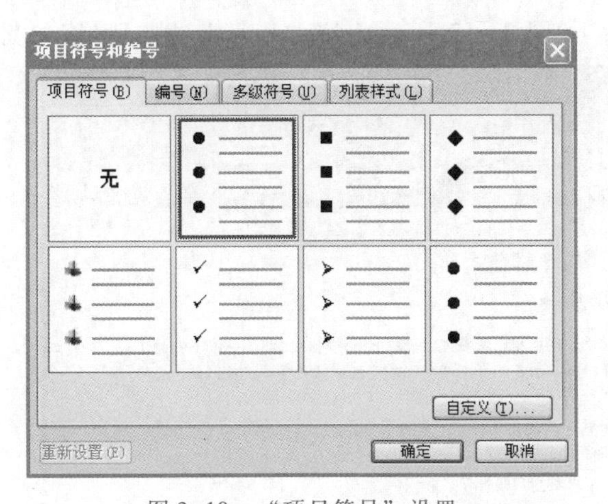

图3-10　“项目符号”设置

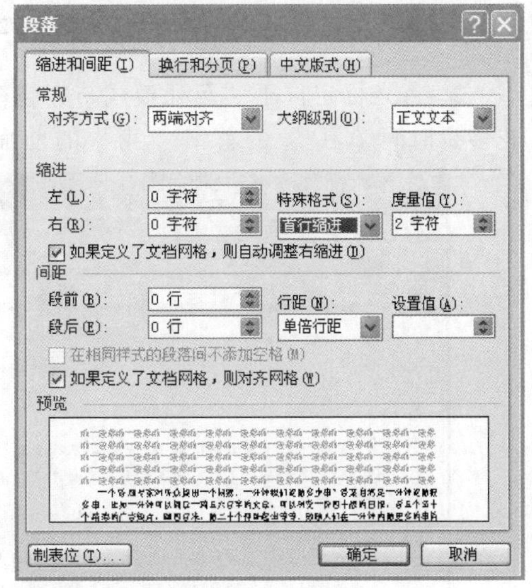

图3-11　“首行缩进”设置

任务3　文本的查找、替换及段落操作

【任务描述】

1. 用查找与替换将“差距不是0.1”文中所有的“教师”改为“老师”。

2. 将“等死模式与穿越模式”文中第一段最后一行文字“我问她，去年你每天花多少时间学习？”另起一段。

3. 将“等死模式与穿越模式”文中第九段“等待成本几乎是穿越成本的1.8倍！”与下面一段“当一个人……称为‘等死模式’。”两段文字合并为一段。

【操作步骤】

1. 光标定位于文档的开始处，选择菜单“编辑”→“替换”命令，弹出“查找和替换”对话框，在“查找内容”文本框中输入“教师”，在“替换为”文本框中输入“老师”，如图3-12所示，单击“全部替换”按钮。

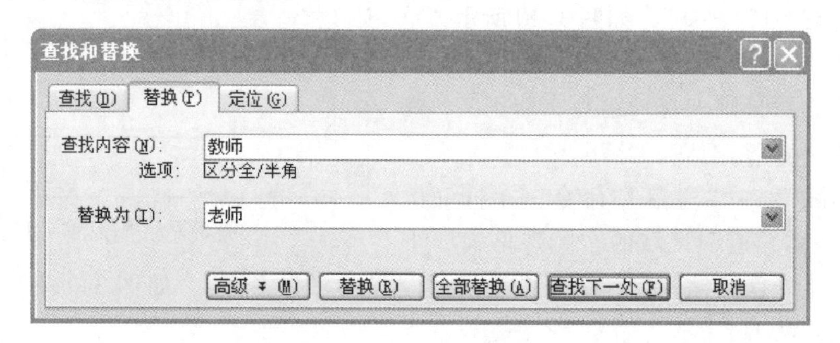

图3-12 “替换”的操作

2. 将光标定位于“等死模式与穿越模式”一文第一段最后一句“我问她，去年你每天花多少时间学习？”的首字“我”的前面，如图3-13所示。按“Enter”键，则该句另起

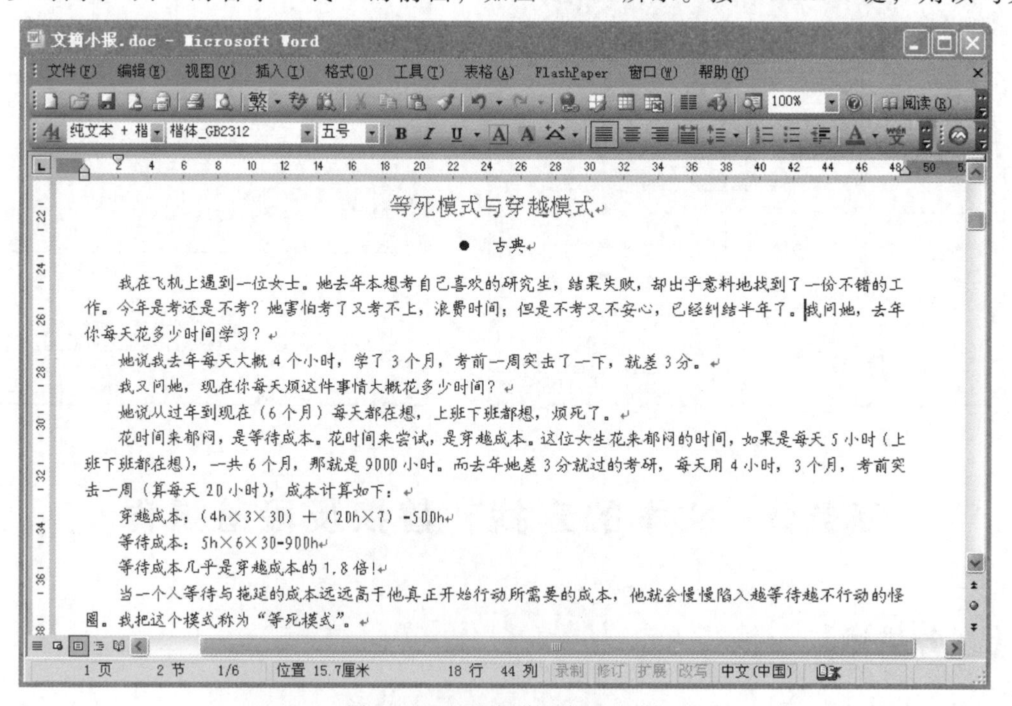

图3-13 分段操作光标的定位

一段。

3. 将光标定位于“等死模式与穿越模式”一文第九段“等待成本几乎是穿越成本的 1.8 倍!”的最后，如图 3-14 所示，按【Delete】键，该段则与下面一段合并为一段。

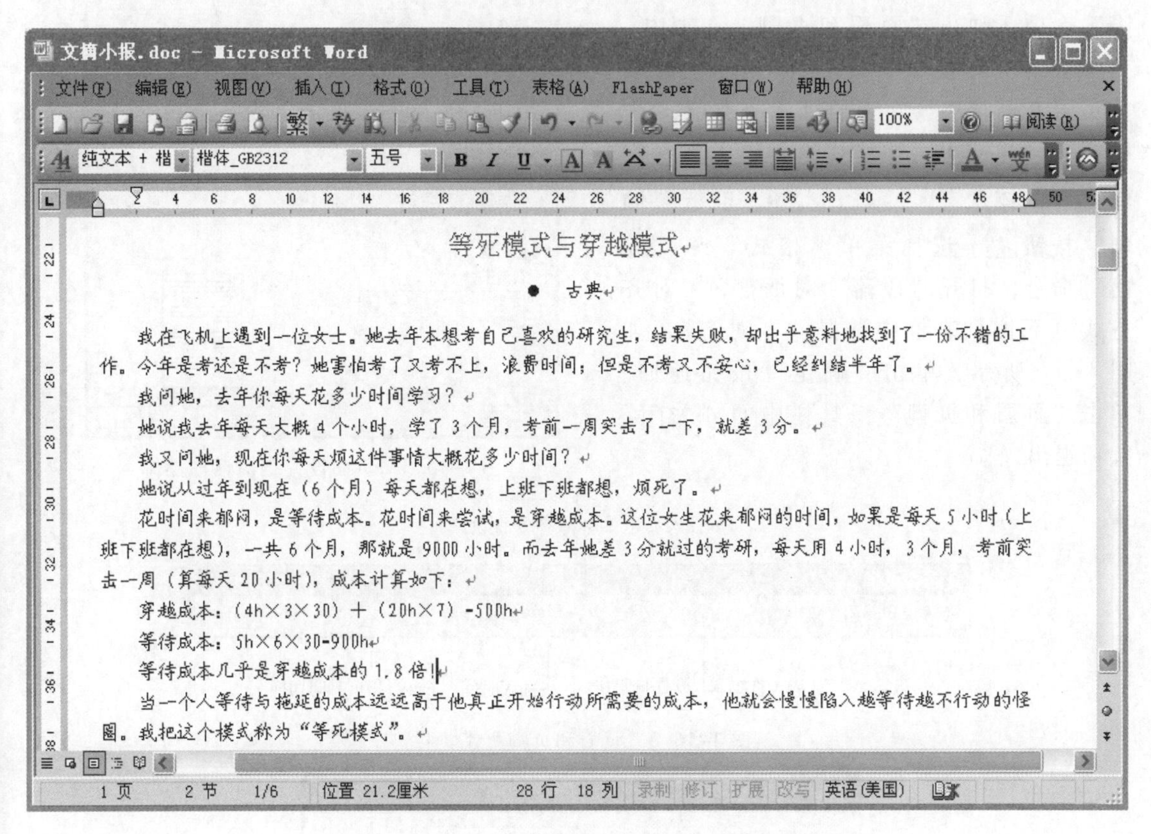

图 3-14　并段操作光标的定位

任务 4　页面和页眉设置

【任务描述】

1. 在页面设置中将“页边距”的数值依次设置为：（上）2 厘米、（下）1.5 厘米、（左）1.5 厘米、（右）1.5 厘米。

2. 设置页眉文字为“文摘精粹”，格式为“黑体”、“倾斜”，左对齐。

【操作步骤】

1. 选择菜单“文件”→“页面设置”命令，弹出“页面设置”对话框。按任务要求进行页边距的设置，如图 3-15 所示，单击“确定”按钮退出。

2. 选择菜单“视图”→“页眉和页脚”命令，弹出“页眉和页脚”工具栏，其中常用工具按钮如图 3-16 所示。默认为页眉编辑状态，在页眉处输入文字“文摘精粹”并选中，在格式工具栏中选择字体为“黑体” 黑体 、单击“倾斜”按钮 *I* 。选择菜单“格式”→“段落”命令，打开“段落”对话框，“对齐方式”下拉列表框中选择“左对齐”，如图 3-17 所示，单击“确定”按钮返回。单击“页眉和页脚”工具栏中的“关闭”按钮退出。

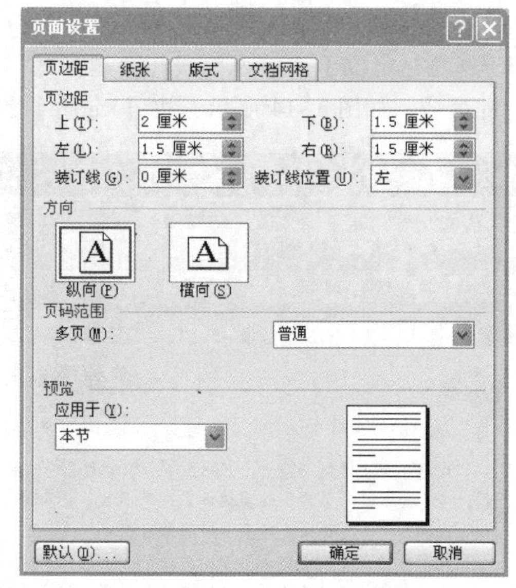

图 3-15 “页面设置”对话框操作

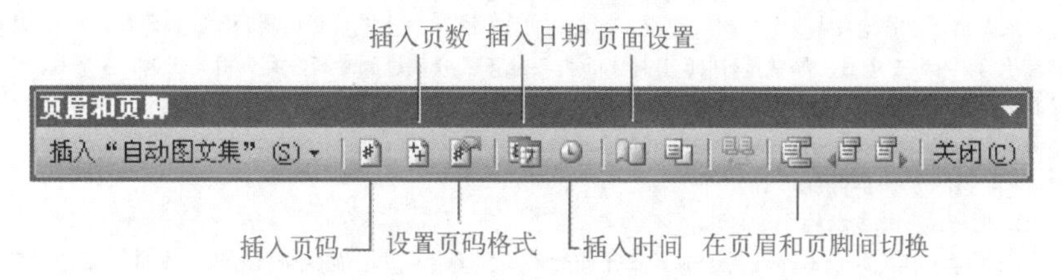

图 3-16 “页眉和页脚”工具栏

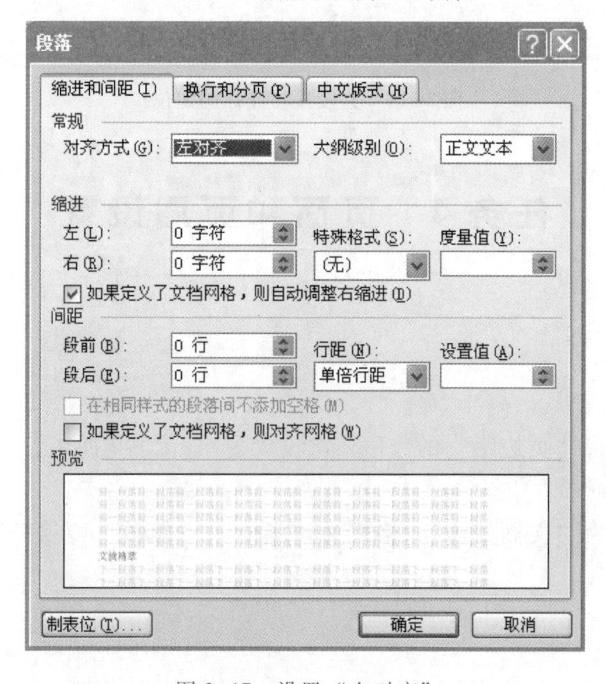

图 3-17 设置“左对齐”

任务5　文章分栏及首字下沉的设置

【任务描述】

1. 对三篇短文进行分栏操作：分为等宽的三栏，栏间加分隔线。
2. 将前两篇短文正文第一段设为首字下沉，下沉行数为两行。
3. 将该文档保存后关闭。

【操作步骤】

1. 选中三篇短文，选择菜单“格式”→“分栏”命令，弹出“分栏”对话框。在“预设”处选“三栏”，选中“栏宽相等”和“分隔线”选项，如图3-18所示，最后单击“确定”按钮退出。

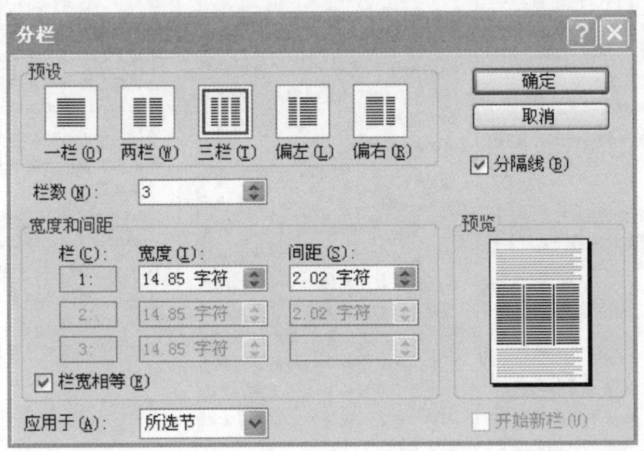

图3-18　“分栏”的设置

2. 选中前两篇短文正文第一段，选择菜单“格式”→“首字下沉”命令，弹出“首字下沉”设置对话框，在“位置”项中选“下沉”，在“下沉行数”文本框中输入“2”，如图3-19所示，单击“确定”按钮退出。

文档编排完成后的效果如图3-20所示。

3. 单击工具栏中的“保存”按钮将该文档保存后关闭。

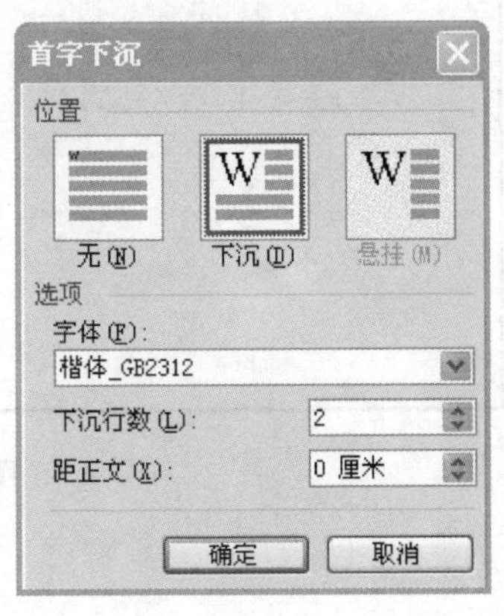

图3-19　“首字下沉”的设置

文摘精粹

文摘精粹

差距不是 0.1

● 流水

老师在讲课前让学生做一个数字游戏。

老师说："1 乘 1，乘 10 次，答案是多少呢？"

学生异口同声地回答："是 1。"

老师说："很好，那 1.1 乘 1.1，乘 10 次呢？"

台下的学生有人猜 10，有人猜 8……正确的答案却是 2.85。

老师又说："0.9 乘 0.9，乘 10 次，答案会是多少呢？"

老师提醒道："为了让你们的印象更深刻，建议你们亲自算一下。"一个学生很快就算出来了，答案是 0.31。

的确，就相差这么小小的 0.1，相乘后的结果却相差很大。

生活中也是这样，很多小事情积累起来就变成了一个很大的问题。

差距就是这样产生的。

（摘自《知识窗》2010 年 11 月下）

等死模式与穿越模式

● 古典

我在飞机上遇到一位女士。她去年本想考自己喜欢的研究生，结果失败，却出乎意料地找到了一份不错的工作。今年是考还是不考？她害怕考了又考不上，浪费时间；但是不考又不安心，已经纠结半年了。

我问她，去年你每天花多少时间学习？

她说我去年每天大概 4 个小时，学了 3 个月，考前一周突击了一下，就差 3分。

我又问她，现在你每天烦这件事情大概花多少时间？

她说从过年到现在（6 个月）每天都在想，上班下班都想，烦死了。

花时间来郁闷，是等待成本。花时间来尝试，是穿越成本。这位女生花来郁闷的时间，如果是每天 5 小时（上班下班都在想），一共 6 个月，那就是 9000 小时。而去年她差 3 分就过的考研，每天用 4 小时，3 个月，考前突击一周（算每天 20 小时），成本计算如下：

穿越成本：（4h×3×30）＋（20h×7）=500h

等待成本：5h×6×30=900h

等待成本几乎是穿越成本的 1.8 倍！

当一个人等待与拖延的成本远远高于他真正开始行动所需要的成本，他就会慢慢陷入越等待越不行动的怪圈。我把这个模式称为"等死模式"。

我在一个聚会中谈到了等死模式。原来这几天，她一直在纠结自己是不是该给一个大客户打电话。这个客户是她的一个重要资源；如果打了，她担心人家觉得自己公司刚创业，对自己印象减分；如果不打，这个单子肯定就没有下文了。比这个更加纠结的是，她已经为这个事情头痛了一星期，开始失眠，和家人发脾气，面对客户越来越没有信心了。

与其在等死模式中消耗自己的心力与体力，还不如去试一试！她走到洗手间，心跳加速，打通电话，惊喜地听到对面的客户爽快地答应自己，对方还开玩笑责怪她说：为什么现在才说，还以为你找别人了呢。

一旦你陷入了等死模式，最好的选择就是行动起来，进入穿越模式！穿越也许会有短期痛苦，但是等死往往会带来更大的永久损失。

（摘自《新前程》2010 年第 2 期）

从容一生

● 俞敏洪

一个管理专家对听众提出一个问题：一分钟我们能做多少事？答案自然是一分钟能做很多事，比如一分钟可以阅读一篇五六百字的文章，可以浏览一份四十版的日报，看五个至十个精彩的广告短片，跑四百米，做二十个仰卧起坐等等。鼓励人们在一分钟内做更多的事情或者节约每一分钟，自然是件好事。但是，这一表面上看似积极的问题和答案，实际上掩盖了急功近利的心态，会让大家产生一种急促感，像蚂蚁一样匆匆忙忙地跑来跑去，一心想着尽可能地多做些事情，却不再有从容的心态去做事情，尤其是不再去思考什么是真正重要的事情。

一个人一辈子如何活得更有意义，并不在于争得每一分钟，而在于生命作为一个整体的内涵有多丰富。内涵的丰富来自于对生命完整意义的追求，而不是每一分钟能做多少事情的匆忙。如果因为追求每一分钟的充实而迷失一生，实在是得不偿失的事情。

曾经有一个人，因为偶然在地上捡到一块金币，从此每天都在低头寻找，一辈子过去了，他捡到几千枚钱币、几万颗钉子，还有数不清的纽扣，这些东西加起来也不值几个钱。等到他老去的时候，背驼了，眼花了，想直起腰来看一看远方风景都不可能了。很多人对待时间也像这个人一样，争取了每一分钟的忙碌，却错过了一生的风景。

（摘自《家庭》2010 年第 22 期）

图 3-20　文摘小报编排效果图

实训 4

Word 表格设计与图文混排

【实训目的】

1. 熟悉 Word 表格的插入、绘制与编辑操作。
2. 熟练掌握表格格式设置及表格与文本间的相互转换。
3. 了解表格中公式的使用。
4. 掌握 Word 中的图形及艺术字的编排。

【实训环境】

1. Windows XP 操作系统。
2. Microsoft Office Word 2003。
3. 本书配套光盘中的“实训 04”素材。

任务 1　Word 中插入并编辑表格

【任务描述】

1. 打开配套光盘中“实训 04”文件夹中的“全国计算机等级考试时间安排 . doc”文档，在文章最后插入 3 行 3 列的表格，表格各单元格输入内容如下。

序号	考试安排	开考日期
1	上半年	3 月倒数第 1 个星期六
2	下半年	9 月倒数第 2 个星期六

2. 设置表格居中，表格第一列列宽为 2 厘米，第二列列宽为 4 厘米，第三列列宽为 5 厘米，表格中所有文字中部居中。

3. 将表格自动套用格式“简明型 1”，保存该文档至桌面。

【操作步骤】

1. 打开配套光盘“实训 04”文件夹中的“全国计算机等级考试时间安排 . doc”文档，将光标定位于文章末尾，选择菜单“表格”→“插入”→“表格”命令，如图 4-1 所示。在弹出的“插入表格”对话框中的“列数”和“行数”文本框中分别输入“3”，如图 4-2 所示，单击“确定”按钮后插入一个 3 行 3 列的表格，按任务要求在表格各单元格中输入相应的内容。

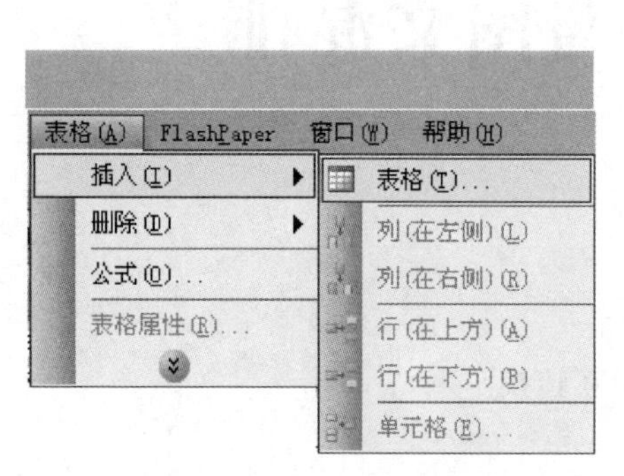

图 4-1 插入表格菜单操作

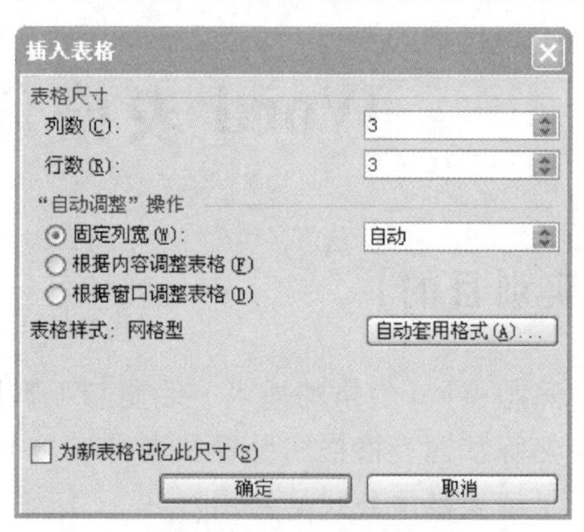

图 4-2 输入列数和行数

2. 选中插入的表格，选择菜单“表格”→“表格属性”命令，弹出“表格属性”对话框，如图 4-3 所示。选择“表格”选项卡“对齐方式”中的“居中”选项。选中“列”选项卡，单击“后一列”按钮，当出现“第 1 列”宽度设置界面时，在“指定宽度”文本框中输入“2 厘米”，如图 4-4 所示。依次将第 2 列、第 3 列指定宽度设置为“4 厘米”和“5 厘

图 4-3 “表格属性”对话框

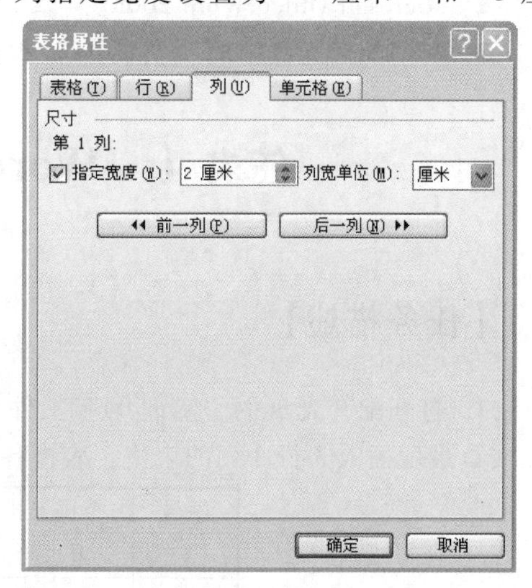

图 4-4 “表格属性”对话框列宽度的设置

米”，单击“确定”按钮。选中表格中所有单元格，在右键快捷菜单中选择“单元格对齐方式”中的“中部居中”菜单项，如图 4-5 所示。

3. 选中表格，选择菜单“表格”→“表格自动套用格式”命令，在“表格自动套用格式”对话框“表格样式”中选择“简明型 1”，如图 4-6 所示，单击“应用”按钮。选择菜单“文件”→“另存为”命令，在“另存为”对话框“保存位置”栏单击“桌面”按钮，单击“保存”按钮完成操作，如图 4-7 所示。

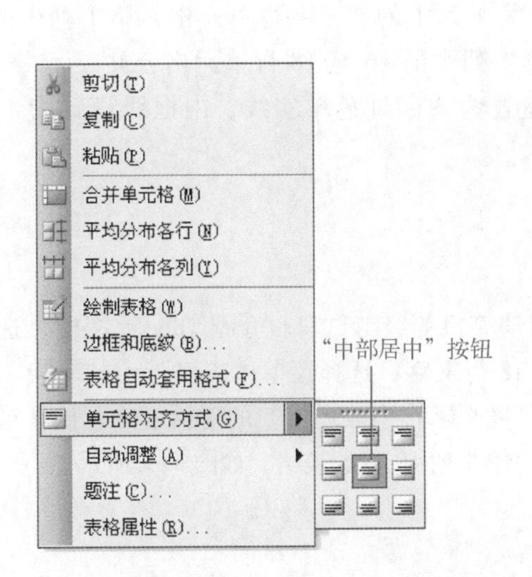

图 4-5　快捷菜单表格对齐方式的选择

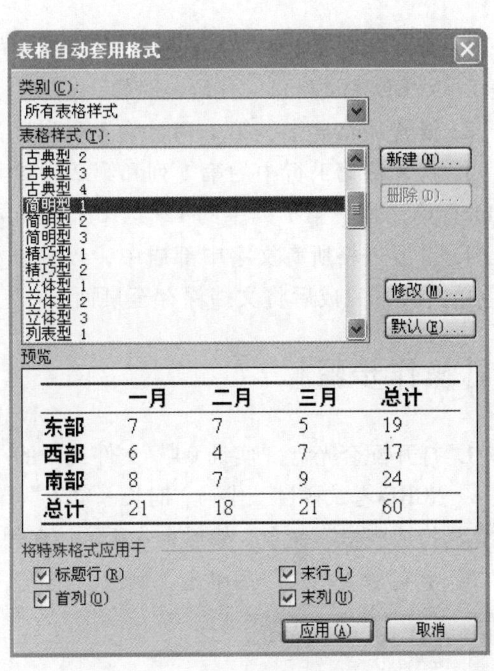

图 4-6　“表格自动套用格式”的选择

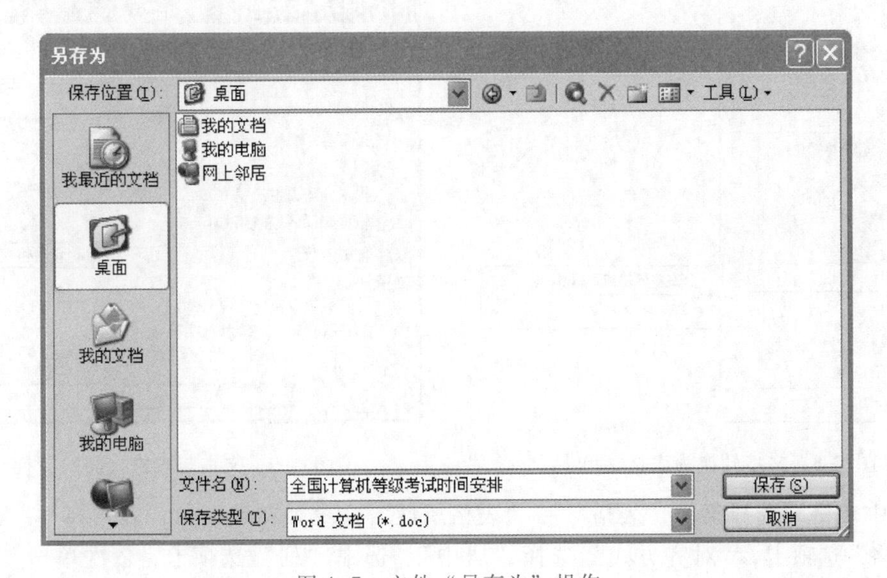

图 4-7　文件“另存为”操作

任务 2 文档转换为表格与表格的编辑

【任务描述】

1. 打开配套光盘中“实训 04”文件夹中的“全国计算机等级考试科目介绍 .doc”文档，将“表 1 NCRE 考试科目、代码、时长一览表”下面的 18 行文字转换成 5 列 18 行的表格。

2. 设置表格居中，第 1 列、第 3 列列宽为 1.6 厘米，其余列宽为 4.2 厘米。

3. 将表格第 1 行中的第 1 列和第 2 列单元格，第 1 列中的 2 至 4 行单元格，第 1 列中的 5 至 11 行单元格，第 1 列中的 12 至 15 行单元格，第 1 列中的 16 至 18 行单元格合并。

4. 设置表格所有文字中部居中，表格外框线设置为 3 磅红色单实线、内框线设置为 1 磅蓝色单实线，完成后将文档保存至桌面。

【操作步骤】

1. 打开配套光盘“实训 04”文件夹中的“全国计算机等级考试科目介绍 .doc”文档，选中“表 1 NCRE 考试科目、代码、时长一览表”下面的 18 行文字，选择菜单“表格”→“转换”→“文本转换成表格”命令，如图 4-8 所示。在弹出的“将文字转换成表格”的对话框中，确认列数为“5”和行数为“18”后单击“确定”按钮，自动生成 5 列 18 行的表格，如图 4-9 所示。

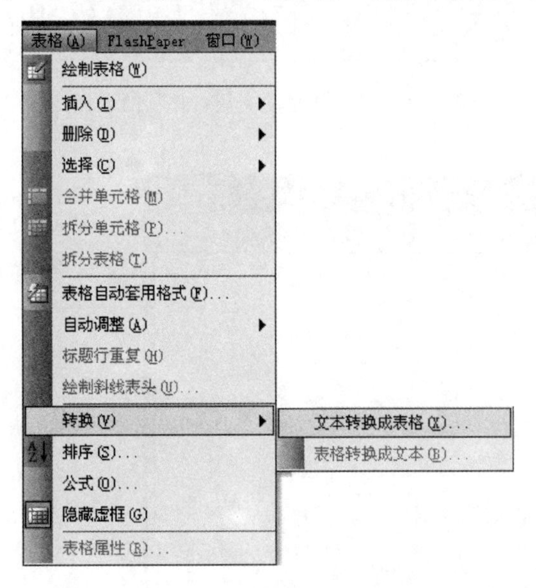

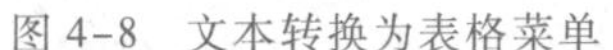
图 4-8 文本转换为表格菜单

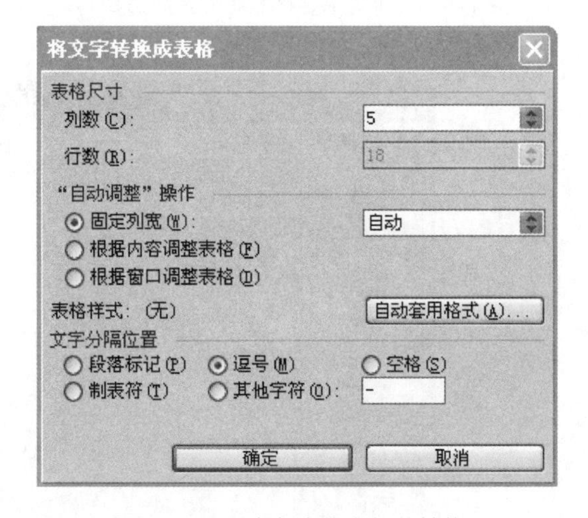

图 4-9 文本与表格之间的转换

2. 选中表格，选择菜单“表格”→“表格属性”命令，在弹出的“表格属性”对话框中选择“表格”选项卡，“对齐方式”选择“居中”。选中“列”选项卡，依次单击“后一列”按钮，将第 1 列、第 2 列、第 3 列、第 4 列、第 5 列指定宽度分别设置为“1.6 厘米”、“4.2

厘米”、“1.6 厘米”、“4.2 厘米”、“4.2 厘米”，单击“确定”按钮退出。

3. 选中表格第 1 行中的第 1 列和第 2 列单元格，在右键的快捷菜单中选择“合并单元格”命令，如图 4-10 所示。按同样方法将表格第 1 列中的 2 至 4 行单元格、第 1 列中的 5 至 11 行单元格、第 1 列中的 12 至 15 行单元格、第 1 列中的 16 至 18 行单元格分别进行合并。

4. 选中表格中所有单元格，在右键快捷菜单中选择“单元格对齐方式”中的“中部居中”菜单项。单击右键，在快捷菜单中选择“边框和底纹”命令，弹出“边框和底纹”对话框，如图 4-11 所示。在“边框”选项卡的“设置”栏中单击“自定义”按钮，在“线型”框中选择“单实线”，在“颜色”下拉框中选择“红色”，在“宽度”下拉框中选择“3 磅”，分别单击对话框右侧“预览”栏边框线上、下、左、右位置按钮即可将设置应用于外边框，或直接单击预览图示中的边线处选择外边框。在“颜色”下拉框中选“蓝色”，在“宽度”下拉框中选“1 磅”，“线型”不变，单击“预览”边框线位置按钮和，将该设置应用于内框线，单击“确定”按钮退出“边框和底纹”对话框。选择菜单“文件”→“另存为”命令，在“另存为”对话框中单击“桌面”按钮，单击“保存”按钮退出。

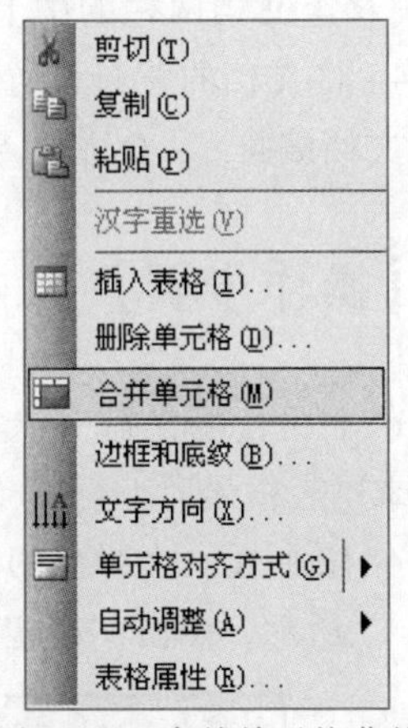

图 4-10　合并单元格菜单

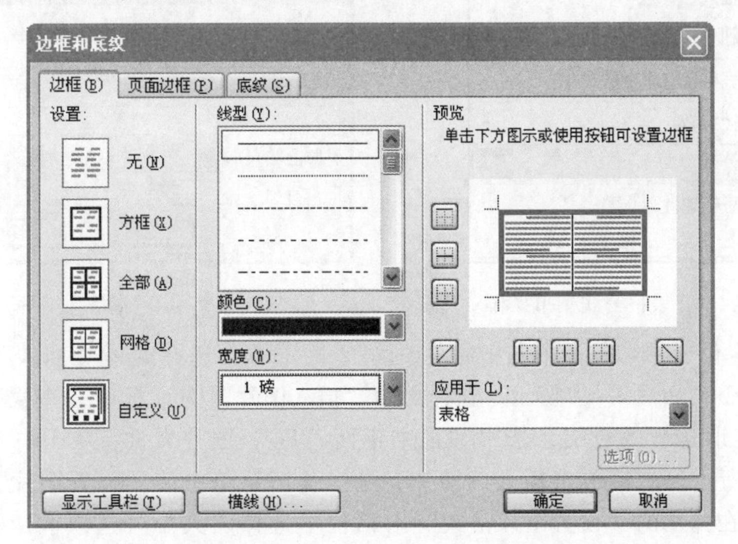

图 4-11　“边框和底纹”对话框

任务 3　表格公式的使用与图文混排

【任务描述】

1. 打开配套光盘中“实训 04”文件夹中的“全国计算机等级证书.doc”文档，在文档末尾表格最后 1 行的“合计培训课时”右边单元格，用公式计算出合计培训课时的值。

2. 在“二、证书与效用”的第 2 段下方插入配套光盘“实训 04”文件夹中的“证书正面 . JPG”图片，设置图片高度为“10 厘米”（保持纵横比），图片居中。

3. 在文档上部插入艺术字，艺术字样式选第 3 行第 2 列相应的样式，内容为“全国计算机等级证书”，字体为“华文行楷”，宽度为“12 厘米”，高度为“4 厘米”，版式为“紧密型”，移至文档两栏的中上部。

4. 将文档的背景设置为水印文字“全国计算机等级考试”，字体为“黑体”。在文档结尾处“文档编排:”右边输入姓名，将文件保存至桌面并关闭。

【操作步骤】

1. 打开配套光盘中“实训 04”文件夹中的“全国计算机等级证书 . doc”文档，光标定位于文档末尾表格最后 1 行的“合计培训课时”右边单元格处，选择菜单“表格”→“公式”命令，如图 4-12 所示。在弹出的“公式”对话框中确认公式文本框中内容为“ = SUM (ABOVE)”，如图 4-13 所示，单击“确定”按钮。

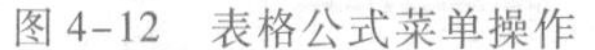

图 4-12 表格公式菜单操作

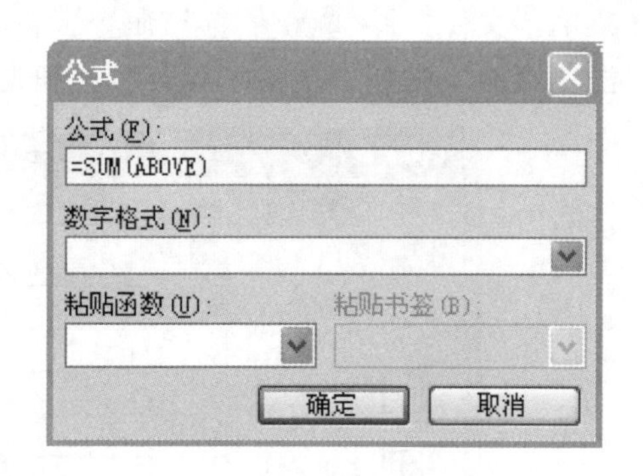

图 4-13 “公式”对话框

2. 将光标定位于“二、证书与效用”的第 2 段下方，选择菜单“插入”→“图片”→“来自文件”命令，如图 4-14 所示。在弹出的“插入图片”对话框中“查找范围”设定为配套光盘中的“实训 04”文件夹，选中“证书正面 . JPG”图片文件，单击右下方“插入”按钮，如图 4-15 所示。右键单击插入的图片，选择快捷菜单中的“设置图片格式”命令，如图 4-16 所示。在弹出的“设置图片格式”对话框中选择“大小”选项卡，确定选中“锁定

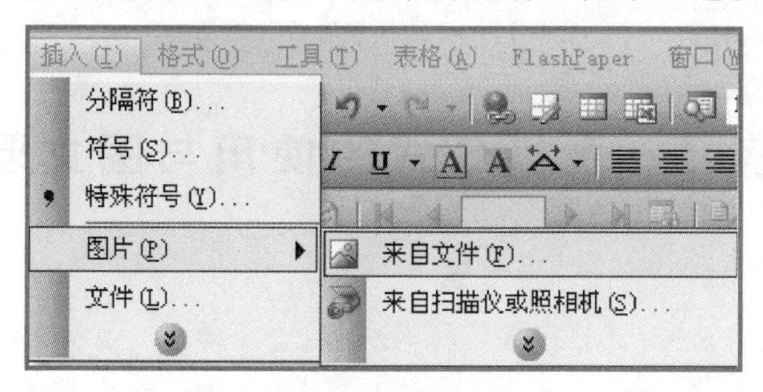

图 4-14 插入图片菜单命令

纵横比”左边的复选框，将上方“高度”微调框中设置为“10厘米”，如图4-17所示，单击“确定”按钮退出。选中图片后单击文本工具栏中的“居中☰”按钮。

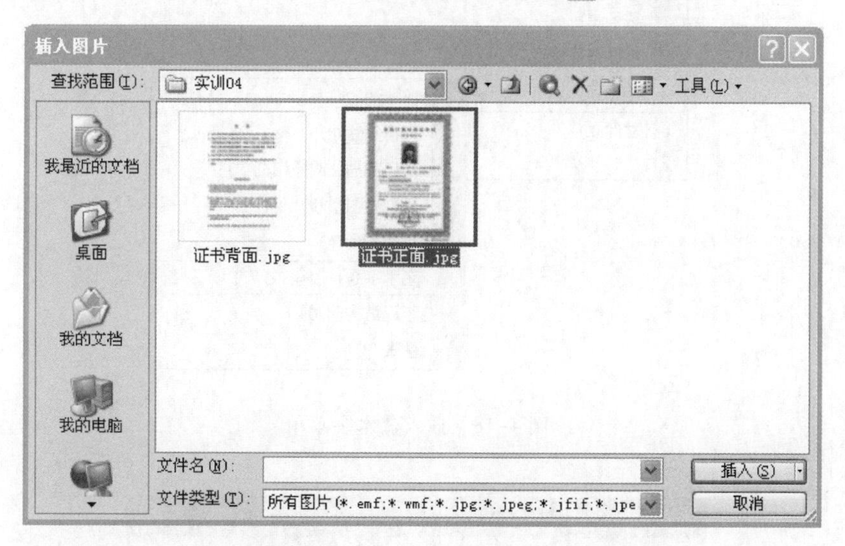

图4-15 “插入图片”对话框

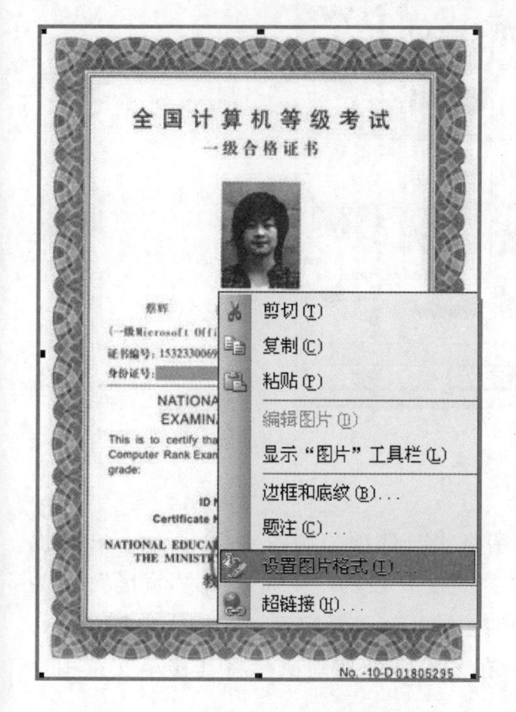

图4-16 “图片”的快捷菜单

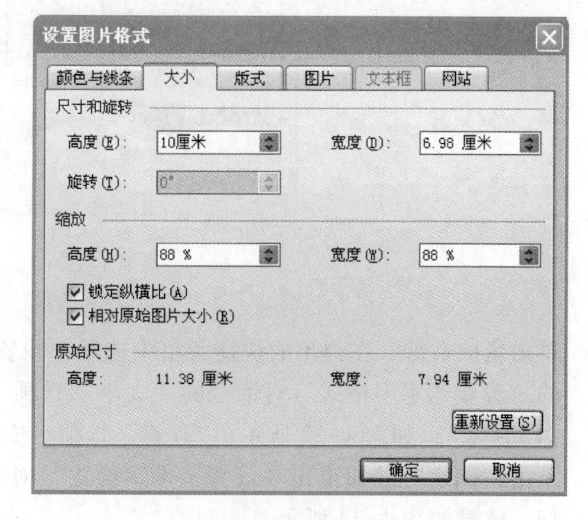

图4-17 “设置图片格式”对话框

3. 选择菜单“插入”→“图片”→“艺术字”命令，如图4-18所示，在弹出的“艺术字库”对话框中选第3行第2列对应的样式，如图4-19所示，单击“确定”按钮进入“编辑‘艺术字’文字”对话框设置。在“文字”栏中输入“全国计算机等级证书”，字体设置为“华文行楷”，如图4-20所示，单击“确定”按钮插入艺术字。将光标移至插入的艺术字处，

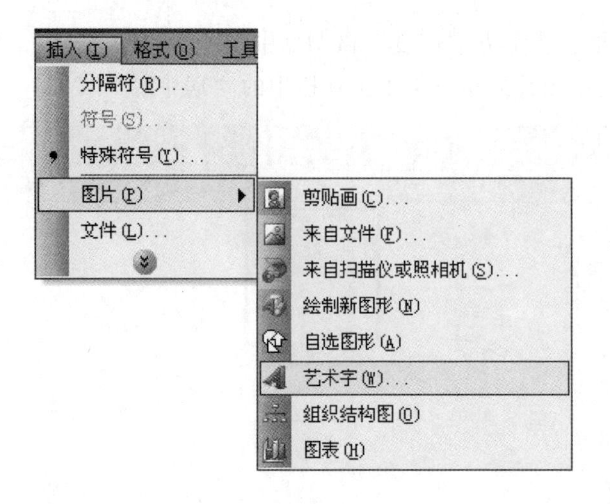

图 4-18 插入艺术字菜单

图 4-19 选择艺术字样式

单击鼠标右键，在弹出的快捷菜单中选择“设置艺术字格式”选项，如图 4-21 所示，在弹出的“设置艺术字格式”对话框的“大小”选项卡中将“高度”设为“4 厘米”，“宽度”设为“12 厘米”，如图 4-22 所示。“版式”选项卡中选择环绕方式为“紧密型”，如图 4-23 所示，单击“确定”按钮退出“设置艺术字格式”对话框。在艺术字处拖动鼠标将其移至文章中上部，效果如图 4-24 所示。

4. 选择菜单“格式”→“背景”→“水印”命令，如图 4-25 所示。在弹出的“水印”对话框中选中“文字水印”，“文字”栏中输入“全国计算机等级考试”，字体设置为“黑

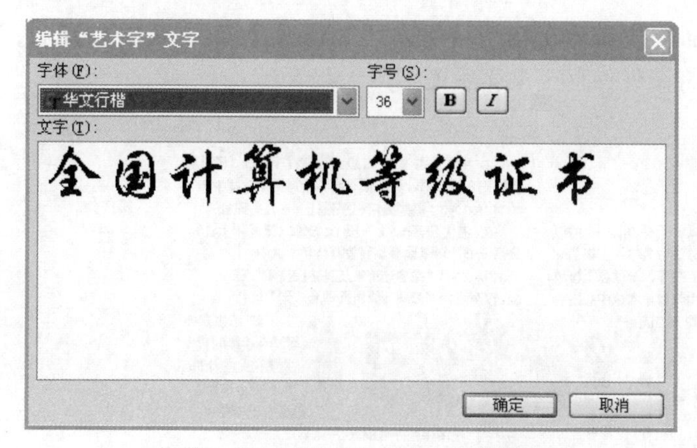

编辑“艺术字”文字
字体(F):
华文行楷
字号(S):
36
B
I
文字(T):
全国计算机等级证书
确定
取消

图 4-20　“艺术字”文字的编辑

剪切(T)
复制(C)
粘贴(P)
编辑文字(X)...
隐藏“艺术字”工具栏(B)
组合(G)
叠放次序(R)
设置自选图形的默认效果(D)
设置艺术字格式(O)...
超链接(H)...

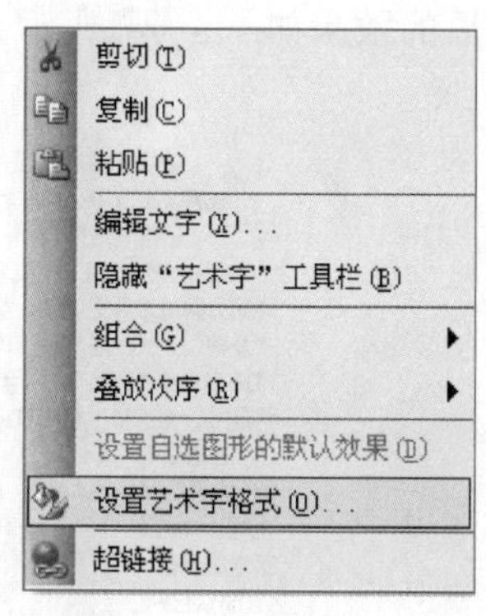

图 4-21　“艺术字”快捷菜单

设置艺术字格式
颜色与线条
大小
版式
图片
文本框
网站
尺寸和旋转
高度(E): 4 厘米
宽度(D): 12 厘米
旋转(T): 0°
缩放
高度(H): 178 %
宽度(W): 100 %
锁定纵横比(A)
相对原始图片大小(R)
原始尺寸
高度:
宽度:
重新设置(S)
确定
取消

图 4-22　“大小”选项卡的设置

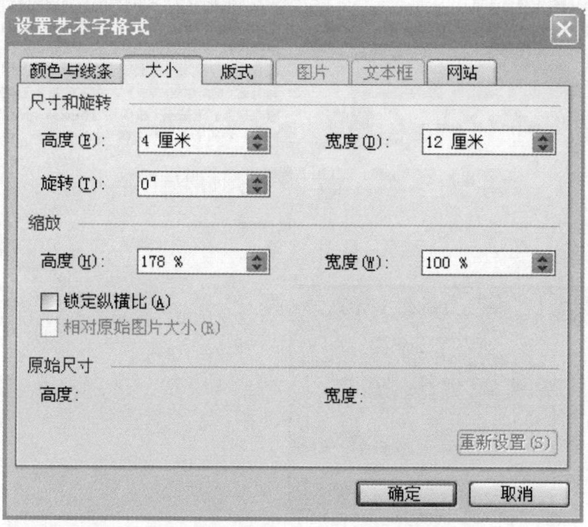

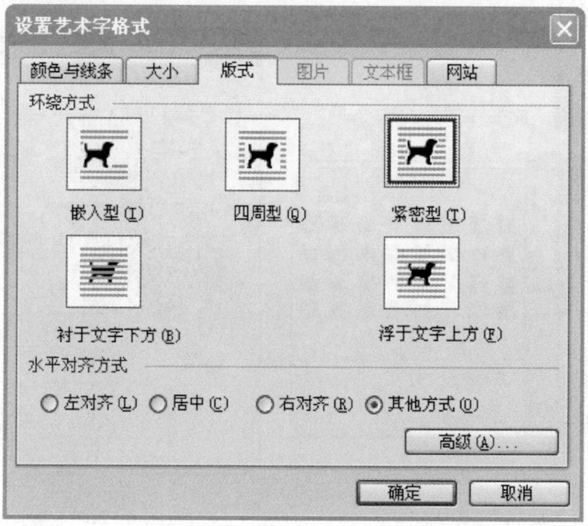

设置艺术字格式
颜色与线条
大小
版式
图片
文本框
网站
环绕方式
嵌入型(I)
四周型(Q)
紧密型(T)
衬于文字下方(B)
浮于文字上方(F)
水平对齐方式
左对齐(L)
居中(C)
右对齐(R)
其他方式(O)
高级(A)...
确定
取消

图 4-23　“版式”选项卡的设置

体”，如图4-26所示，单击“确定”按钮。在文档结尾处“文档编排:”右边输入姓名，文档编排后的效果如图4-27所示，将文件保存至桌面后关闭。

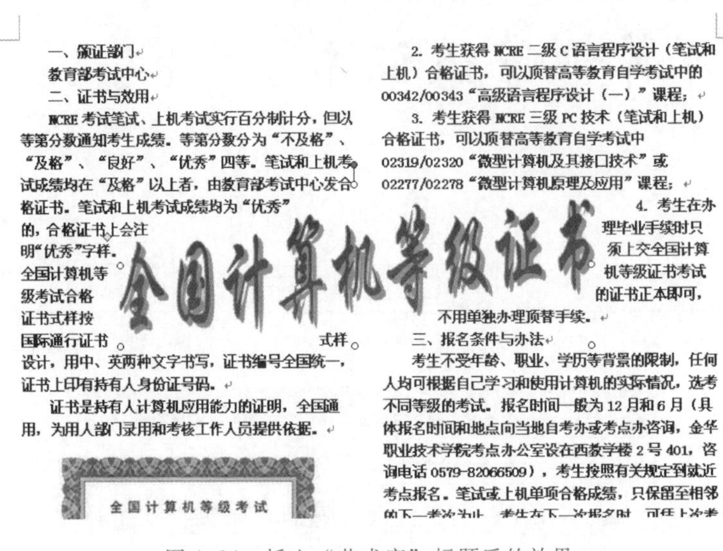

全国计算机等级证书

一、颁证部门
教育部考试中心
二、证书与效用
NCRE考试笔试、上机考试实行百分制计分，但以等第分数通知考生成绩。等第分数分为“不及格”、“及格”、“良好”、“优秀”四等。笔试和上机考试成绩均在“及格”以上者，由教育部考试中心发合格证书。笔试和上机考试成绩均为“优秀”的，合格证书上会注明“优秀”字样。全国计算机等级考试合格证书式样按国际通行证书式样设计，用中、英两种文字书写，证书编号全国统一，证书上印有持有人身份证号码。
证书是持有人计算机应用能力的证明，全国通用，为用人部门录用和考核工作人员提供依据。
全国计算机等级考试
2. 考生获得NCRE二级C语言程序设计（笔试和上机）合格证书，可以顶替高等教育自学考试中的00342/00343“高级语言程序设计（一）”课程；
3. 考生获得NCRE三级PC技术（笔试和上机）合格证书，可以顶替高等教育自学考试中02319/02320“微型计算机及其接口技术”或02277/02278“微型计算机原理及应用”课程；
4. 考生在办理毕业手续时只须上交全国计算机等级证书考试的证书正本即可，不用单独办理顶替手续。
三、报名条件与办法
考生不受年龄、职业、学历等背景的限制，任何人均可根据自己学习和使用计算机的实际情况，选考不同等级的考试。报名时间一般为12月和6月（具体报名时间和地点向当地自考办或考点办咨询，金华职业技术学院考点办公室设在西教学楼2号401，咨询电话0579-82066509），考生按照有关规定到就近考点报名。笔试或上机单项合格成绩，只保留至相邻的下一考次为止。考生在下一次报名时，可凭上次考

图4-24 插入“艺术字”标题后的效果

图4-25 添加“水印”菜单

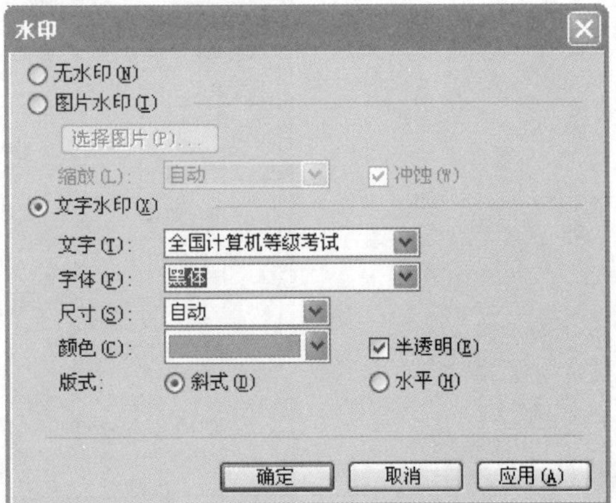

图4-26 “水印”对话框的设置

一、颁证部门

教育部考试中心

二、证书与效用

NCRE考试笔试、上机考试实行百分制计分，但以等第分数通知考生成绩。等第分数分为“不及格”、“及格”、“良好”、“优秀”四等。笔试和上机考试成绩均在“及格”以上者，由教育部考试中心发合格证书。笔试和上机考试成绩均为“优秀”的，合格证书上会注明“优秀”字样。

全国计算机等级考试合格证书式样按国际通行证书式样设计，用中、英两种文字书写，证书编号全国统一，证书上印有持有人身份证号码。

证书是持有人计算机应用能力的证明，全国通用，为用人部门录用和考核工作人员提供依据。

全国考办经专家论证后决定：全国计算机等级证书考试（简称NCRE）与高等教育自学考试部分课程进行衔接，具体方案如下：

1．考生获得NCRE一级合格证书，可以顶替高等教育自学考试中的00018/00019“计算机应用基础”或02316/02317“计算机应用技术”课程；

2．考生获得NCRE二级C语言程序设计（笔试和上机）合格证书，可以顶替高等教育自学考试中的00342/00343“高级语言程序设计（一）”课程；

3．考生获得NCRE三级PC技术（笔试和上机）合格证书，可以顶替高等教育自学考试中02319/02320“微型计算机及其接口技术”或02277/02278“微型计算机原理及应用”课程；

4．考生在办理毕业手续时只须上交全国计算机等级证书考试的证书正本即可，不用单独办理顶替手续。

三、报名条件与办法

考生不受年龄、职业、学历等背景的限制，任何人均可根据自己学习和使用计算机的实际情况，选考不同等级的考试。报名时间一般为12月和6月（具体报名时间和地点向当地自考办或考点办咨询，金华职业技术学院考点办公室设在西教学楼2号401，咨询电话0579-82066509），考生按照有关规定到就近考点报名。笔试或上机单项合格成绩，只保留至相邻的下一考次为止。考生在下一次报名时，可凭上次考试成绩单，申办免考手续，只参加未通过项的考试。

四、等级考试培训

为了提高等级考试的通过率，考生可报名参加考点举办的等级考试培训。金华职业技术学院考点的全国计算机等级考试培训工作由信息工程学院承担，欲参加培训者可与周老师联系（校园网677585）。其中全国一级安排的培训全部在机房完成，培训内容及课时见下表：

序号	培训内容	安排课时
1	计算机基础理论知识	4
2	汉字录入	2
3	文件操作	2
4	Word 2003 操作	4
5	Excel2003 操作	4
6	PowerPoint2003 操作	4
7	Internet Explorer 操作	2
8	Outlook Express 操作	2
9	模拟考试	4
合计培训课时		28

文档编排：周华

图4-27　文档编排后的效果图

实训 5

使用 Excel 制作学生成绩表

【实训目的】

1. 掌握工作簿文件的创建、打开与保存。
2. 熟练掌握工作表中数据的录入与编辑。
3. 掌握工作表的复制、移动、删除及重命名。
4. 熟练掌握单元格格式的设置。
5. 掌握条件格式和自动套用格式的使用。
6. 熟练掌握公式和常用函数的使用。

【实训环境】

1. Windows XP 操作系统。
2. Microsoft Office Excel 2003。
3. 本书配套光盘中的“实训 05”素材。

任务 1 数据的录入

【任务描述】

1. 启动 Excel 2003，打开“实训 05”文件夹下的“学生成绩表 . xls”。

2. 在姓名前面插入一列，列标题为“学号”，输入学号（从“林雅琴”到“陆鲁丹”分别为 093100201，…，093100212）。

【操作步骤】

1. 选择菜单“开始”→“程序”→“Microsoft Office”→“Microsoft Office Excel 2003”菜单项，如图 5-1 所示，启动 Excel 2003 后的窗口如图 5-2 所示。

单击常用工具栏中的“打开 ”按钮，或选择菜单“文件”→“打开”命令，打开“实训 05”文件夹中的“学生成绩表 . xls”，如图 5-3 所示。

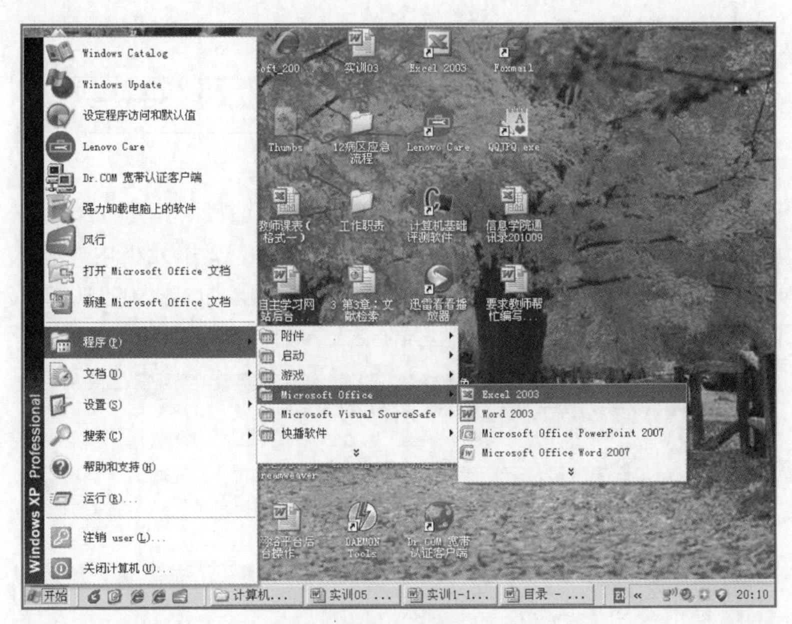

图 5-1　启动 Excel

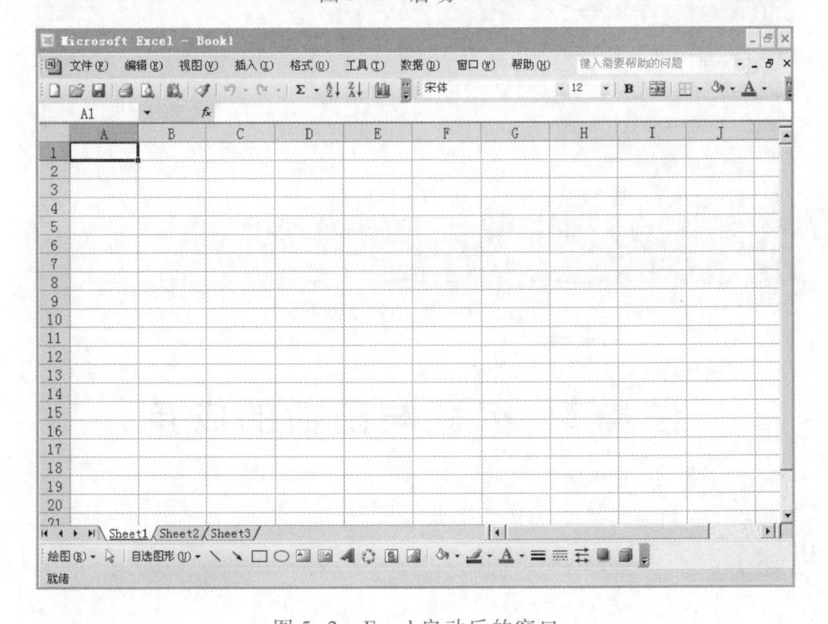

图 5-2　Excel 启动后的窗口

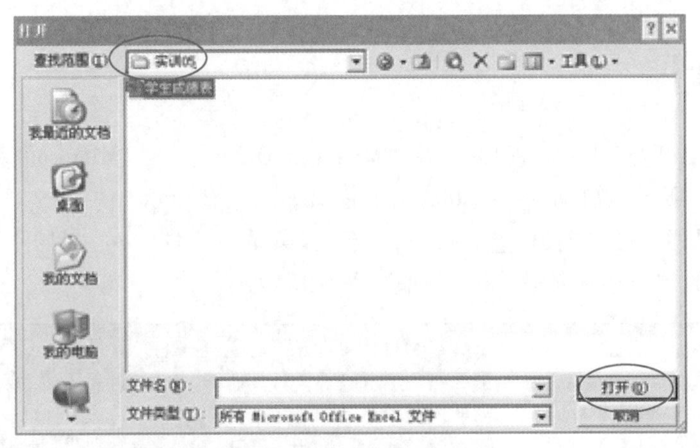

图 5-3 打开“学生成绩表”

2. 在打开的工作簿文件中，单击第一列任一单元格，选择菜单“插入”→“列”命令在“姓名”列左边插入一列，在 A1 单元格中输入“学号”，在 A2 单元格内先输入“'”（注意：单引号必须是英文半角下的单引号），然后输入相应的学号，如“' 093100201”。拖动 A2 单元格右下角的填充柄到 A13 单元格，完成学号的录入，如图 5-4 所示。

Microsoft Excel - 学生成绩表

A2 fx '093100201

学号	姓名	语文	数学	英语	物理	化学
093100201	雅琴	77	89	81	91	82
093100202	张帆	69	80	79	85	73
093100203	葛学明	68	84	87	88	77
093100204	严玛飞	79	94	98	91	82
093100205	王晓波	79	87	91	93	84
093100206	邵超	67	83	77	81	69
093100207	陈优	79	88	93	94	79
093100208	陈宝花	78	89	92	88	83
093100209	汪龙飞	74	84	87	80	74
093100210	林霞	86	92	95	94	83
093100211	张晶晶	81	88	98	94	90
093100212	陆鲁丹	75	83	79	92	71

图 5-4 录入学号数据

任务 2 公式与函数的应用

【任务描述】

1. 在工作表 Sheet1 最后一位同学的学号下方分两行分别输入“最高分”和“最低分”，

在“化学”后面依次增加“总成绩、平均成绩、排名、奖学金”4个列标题。

2. 计算每位同学的总成绩、平均成绩，用MAX和MIN函数求出各科的最高分和最低分。

3. 利用RANK函数对每位同学按总成绩从高到低排名。

4. 根据给定的条件计算每个同学的奖学金（如果总成绩大于等于450，奖学金为500元，如果总成绩大于等于430，奖学金为200元，其他同学没有奖学金）。

【操作步骤】

1. 光标定位在A14单元格，输入“最高分”，按【Enter】键换行，输入“最低分”。光标定位在H1单元格，输入“总成绩”，使用鼠标或键盘上的右箭头按钮使光标右移一个单元格，依次输入“平均成绩”，“排名”、“奖学金”，如图5-5所示。

	A	B	C	D	E	F	G	H	I	J	K
1	学号	姓名	语文	数学	英语	物理	化学	总成绩	平均成绩	排名	奖学金
2	093100201	林雅琴	77	89	81	91	82				
3	093100202	张帆	69	80	79	85	73				
4	093100203	葛学明	68	84	87	88	77				
5	093100204	严玛飞	79	94	98	91	82				
6	093100205	王晓波	79	87	91	93	84				
7	093100206	邵超	67	83	77	81	69				
8	093100207	陈优	79	88	93	94	79				
9	093100208	陈宝花	78	89	92	88	83				
10	093100209	汪龙飞	74	84	87	80	74				
11	093100210	林霞	86	92	95	94	83				
12	093100211	张晶晶	81	88	98	94	90				
13	093100212	陆鲁丹	75	83	79	92	71				
14	最高分										
15	最低分										

图5-5　添加行和列的标题

2. 选择工作表Sheet1中的H2单元格，单击编辑栏上的“插入函数”按钮 fx，打开“插入函数”对话框，选择求和函数SUM，单击“确定”按钮，如图5-6所示。在“函数参数”

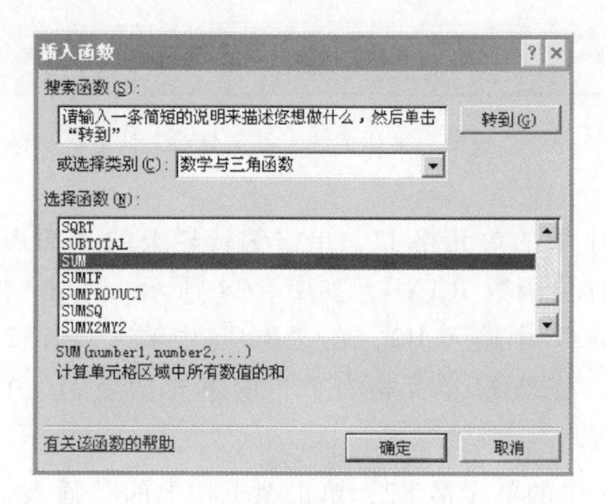

图5-6　“插入函数”对话框

对话框的“Number1”中设置求和区域C2:G2，如图5-7所示，单击“确定”按钮，拖动H2单元格右下角的填充柄至H13单元格。类似地，用求平均值函数AVERAGE、求最大值函数MAX、求最小值函数MIN分别求出相应的平均成绩、最高分及最低分，结果如图5-8所示。

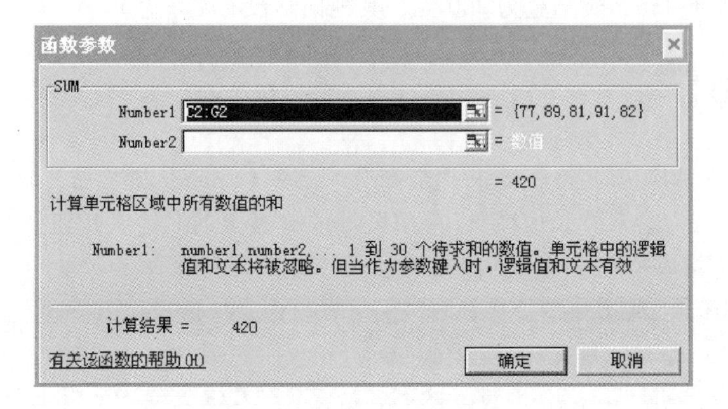

图5-7 “函数参数”对话框

Microsoft Excel - 学生成绩表

G15 =MIN(G2:G13)

	A	B	C	D	E	F	G	H	I	J	K
1	学号	姓名	语文	数学	英语	物理	化学	总成绩	平均成绩	排名	奖学金
2	093100201	林雅琴	77	89	81	91	82	420	84		
3	093100202	张帆	69	80	79	85	73	386	77		
4	093100203	葛学明	68	84	87	88	77	404	81		
5	093100204	严玛飞	79	94	98	91	82	444	89		
6	093100205	王晓波	79	87	91	93	84	434	87		
7	093100206	邵超	67	83	77	81	69	377	75		
8	093100207	陈优	79	88	93	94	79	433	87		
9	093100208	陈宝花	78	89	92	88	83	430	86		
10	093100209	汪龙飞	74	84	87	80	74	399	80		
11	093100210	林霞	86	92	95	94	83	450	90		
12	093100211	张晶晶	81	88	98	94	90	451	90		
13	093100212	陆鲁丹	75	83	79	92	71	400	80		
14	最高分		86	94	98	94	90				
15	最低分		67	80	77	80	69				

图5-8 总成绩、平均成绩、最高分、最低分计算结果

3. 选择工作表Sheet1中的单元格J2，单击编辑栏上的“插入函数”按钮 *fx*，在“插入函数”对话框中选择排位函数RANK，如图5-9所示，单击“确定”按钮。在“函数参数”对话框的“Number”中输入H2，在“Ref”中输入“H$2:H$13”，如图5-10所示，单击“确定”按钮，拖动J2单元格右下角的填充柄至J13单元格完成排名，结果如图5-11所示。

4. 选择工作表Sheet1中的单元格K2，单击编辑栏上的“插入函数”按钮 *fx*，在弹出的

“插入函数”对话框中选择“IF”函数，单击“确定”按钮，弹出如图5-12所示的“函数参数”对话框。

插入函数

搜索函数(S):

请输入一条简短的说明来描述您想做什么，然后单击“转到”　转到(G)

或选择类别(C): 常用函数

选择函数(N):

COUNTIF
IF
HLOOKUP
AND
RANK
TIMEVALUE
TIME

RANK(number,ref,order)

返回某数字在一列数字中相对于其他数值的大小排位

有关该函数的帮助　确定　取消

图5-9 “插入函数”对话框

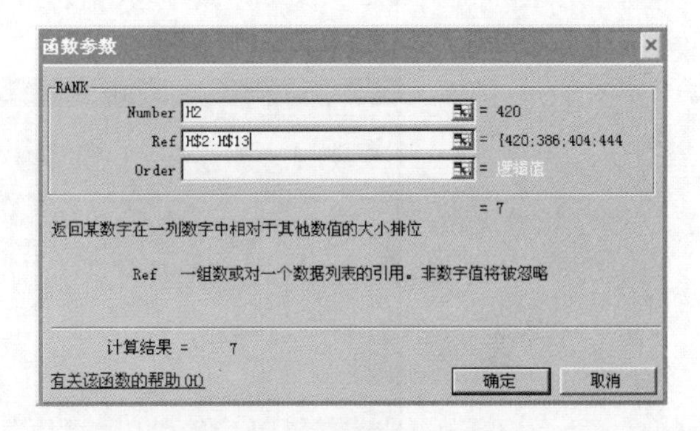

图5-10 “函数参数”对话框

Microsoft Excel - 学生成绩表

J2　=RANK(H2,H$2:H$13)

	A	B	C	D	E	F	G	H	I	J	K
1	学号	姓名	语文	数学	英语	物理	化学	总成绩	平均成绩	排名	奖学金
2	093100201	林雅琴	77	89	81	91	82	420	84.0	7	
3	093100202	张帆	69	80	79	85	73	386	77.2	11	
4	093100203	葛学明	68	84	87	88	77	404	80.8	8	
5	093100204	严玛飞	79	94	98	91	82	444	88.8	3	
6	093100205	王晓波	79	87	91	93	84	434	86.8	4	
7	093100206	邵超	67	83	77	81	69	377	75.4	12	
8	093100207	陈优	79	88	93	94	79	433	86.6	5	
9	093100208	陈宝花	78	89	92	88	83	430	86.0	6	
10	093100209	汪龙飞	74	84	87	80	74	399	79.8	10	
11	093100210	林霞	86	92	95	94	83	450	90.0	2	
12	093100211	张晶晶	81	88	98	94	90	451	90.2	1	
13	093100212	陆鲁丹	75	83	79	92	71	400	80.0	9	
14	最高分		86	94	98	94	90				
15	最低分		67	80	77	80	69				

就绪　求和=78

图5-11 学生排名结果

函数参数

IF

Logical_test H2>=450 = FALSE

Value_if_true 500 = 500

Value_if_false IF(H2>=430,200,"") = ""

= ""

判断一个条件是否满足，如果满足返回一个值，如果不满足则返回另一个值

Value_if_false 当 Logical_test 为 FALSE 时的返回值。如果忽略，则返回 FALSE

计算结果 =

有关该函数的帮助(H)　确定　取消

图5-12 “函数参数”对话框

在“Logical_ test”框中输入逻辑表达式“H2 > =450”，在“Value_ if_ true”框中输入“500”，在“Value_ if_ false”框中，此栏要对总成绩小于 450 的情况进行判断，如果总成绩大于等于 430，奖学金为 200，否则无奖学金，可再用一个 IF 函数，输入“IF（H2 > =430, 200,"")”，单击“确定”按钮，拖动 K2 单元格右下角的填充柄至 K13 单元格完成奖学金的计算，结果如图 5-13 所示。

	A	B	C	D	E	F	G	H	I	J	K
1	学号	姓名	语文	数学	英语	物理	化学	总成绩	平均成绩	排名	奖学金
2	093100201	林雅琴	77	89	81	91	82	420	84.0	7	
3	093100202	张帆	69	80	79	85	73	386	77.2	11	
4	093100203	葛学明	68	84	87	88	77	404	80.8	8	
5	093100204	严玛飞	79	94	98	91	82	444	88.8	3	200
6	093100205	王晓波	79	87	91	93	84	434	86.8	4	200
7	093100206	邵超	67	83	77	81	69	377	75.4	12	
8	093100207	陈优	79	88	93	94	79	433	86.6	5	200
9	093100208	陈宝花	78	89	92	88	83	430	86.0	6	200
10	093100209	汪龙飞	74	84	87	80	74	399	79.8	10	
11	093100210	林霞	86	92	95	94	83	450	90.0	2	500
12	093100211	张晶晶	81	88	98	94	90	451	90.2	1	500
13	093100212	陆鲁丹	75	83	79	92	71	400	80.0	9	
14	最高分		86	94	98	94	90				
15	最低分		67	80	77	80	69				

图 5-13　“奖学金”计算结果

任务 3　工作表操作

【任务描述】

1. 在工作表 Sheet1 后面插入一个新的工作表 Sheet3。
2. 将工作表 Sheet3 移动到工作表 Sheet2 后面。
3. 将工作表 Sheet1 中的内容分别复制到 Sheet2 和 Sheet3 中。
4. 删除 Sheet2 中“语文”、“数学”、“英语”、“物理”、“化学”、“平均成绩”、“排名”、“奖学金”列和“最高分”、“最低分”所在的行，并将工作表 Sheet2 重命名为“总成绩”。
5. 删除工作表 Sheet3。

【操作步骤】

1. 选择工作表 Sheet2，执行“插入”→“工作表”菜单命令。
2. 方法一：选择工作表 Sheet2，执行“编辑”→“移动或复制工作表”菜单命令，在“移动或复制工作表”对话框的“下列选定工作表之前”列表中选中 Sheet3，且取消选中复选框“建立副本”（若选中则为工作表的复制），单击“确定”按钮。

方法二：直接拖动工作表标签 Sheet3 至工作表标签 Sheet2 之后即可（若拖动的同时按住 Ctrl 键则为工作表的复制）。

3. 选择工作表 Sheet1 中的 A1:K15 单元格，执行"复制"命令，选择工作表 Sheet2 中的单元格 A1，执行"选择性粘贴"命令，在弹出的对话框中选中"数值"单选按钮，如图 5-14所示，单击"确定"按钮。按同样方法完成 Sheet1 到 Sheet3 的复制。

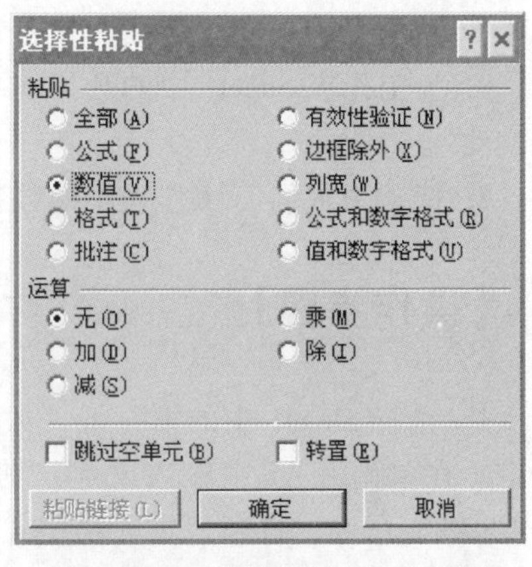

图 5-14　"选择性粘贴"对话框

4. 在工作表 Sheet2 中选择"语文"、"数学"、"英语"、"物理"、"化学"、"平均成绩"、"排名"、"奖学金"所在列（选择不相连的列使用【Ctrl】键），执行"编辑"菜单下的"删除"命令。选择"最高分"、"最低分"所在的行，执行"编辑"菜单下的"删除"命令。双击 Sheet2 工作表标签重命名为"总成绩"，结果如图 5-15 所示。

学号	姓名	总成绩
093100201	林雅琴	420
093100202	张帆	386
093100203	葛学明	404
093100204	严玛飞	444
093100205	王晓波	434
093100206	邵超	377
093100207	陈优	433
093100208	陈宝花	430
093100209	汪龙飞	399
093100210	林霞	450
093100211	张晶晶	451
093100212	陆鲁丹	400

图 5-15　"总成绩"工作表

5. 选择工作表 Sheet3，执行菜单"编辑"下的"删除工作表"命令，在弹出的对话框中选择"删除"命令。

任务 4　设置文字与表格

【任务描述】

1. 在工作表 Sheet1 的第一行前插入标题行"期末成绩表"，格式设置为："黑体、加粗、字号 22"，合并 A1 至 K1 单元格并居中。

2. 为工作表Sheet1的A2:K2单元格字体设置为华文行楷并添加水绿色底纹。

3. 为工作表Sheet1中的所有大于或等于90的各科分数设置条件格式“加粗、单下划线”，小于60的分数设置条件格式为“红色”。

4. 为工作表Sheet1中的数据清单添加外边框“双实线、浅橙色”、内部边框“蓝色、单细实线”。

5. 把“总成绩”工作表中的数据清单设置为“序列1”的自动套用格式。

【操作步骤】

1. 选择Sheet1中的第一行（或第一行中的任一单元格），执行“插入”菜单下的“行”命令。在单元格A1中输入文字“期末成绩表”，选中A1单元格，执行“格式”菜单下的“单元格”命令，打开“单元格格式”对话框，在对话框的“字体”选项卡中设置字体为黑体、加粗、字号22，如图5-16所示，单击“确定”按钮。选中单元格区域A1:K1，执行“格式”菜单下的“单元格”命令，在“单元格格式”对话框的“对齐”选项卡中设置水平对齐、垂直对齐都为居中并选中“合并单元格”复选框，如图5-17所示，单击“确定”按钮。若只要求合并单元格且水平居中，则当选中了要合并的区域后可直接单击“格式”工具栏中的“合并及居中”按钮“”，单击“确定”按钮，结果如图5-18所示。

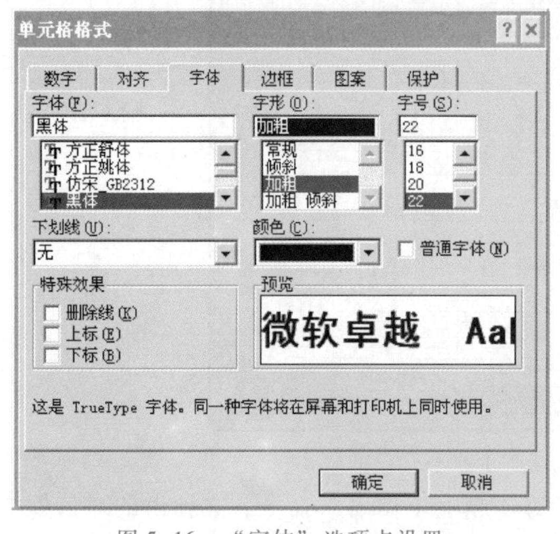

图5-16 “字体”选项卡设置

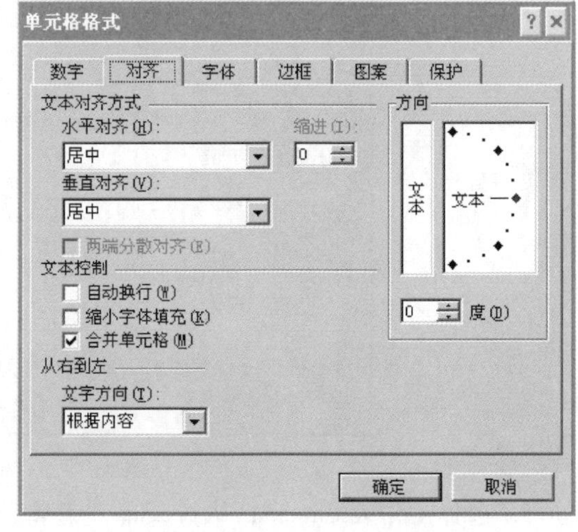

图5-17 “对齐”选项卡设置

2. 选择工作表Sheet1中的A2:K2单元格，在“格式”工具栏中设置字体为华文行楷，单击“填充颜色”按钮后的“▼”，打开“填充颜色”对话框，在“填充颜色”对话框中选择水绿色颜色块，如图5-19所示，效果如图5-20所示。

3. 选择工作表Sheet1中的成绩数据所在区域C3:G14，选择“格式”→“条件格式”菜单命令，打开“条件格式”对话框，在“条件1”中设定条件“大于或等于，90”。单击“格式”按钮，打开“单元格格式”对话框，在“单元格格式”对话框中，设置字形为加粗、下划线，单击“确定”按钮。单击“添加”按钮，打开“条件2”对话框，在“条件2”中设定条件“小于，60”，“格式”中设置颜色为“红色”（如图5-21所示），单击“确定”按钮，

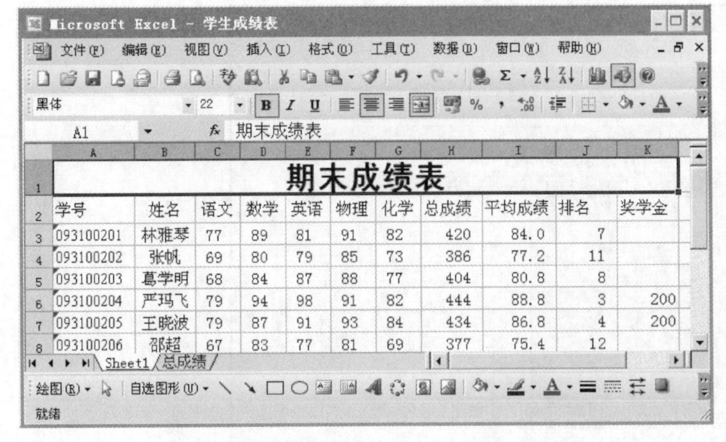

图 5-18　“字体”、“对齐”设置后效果

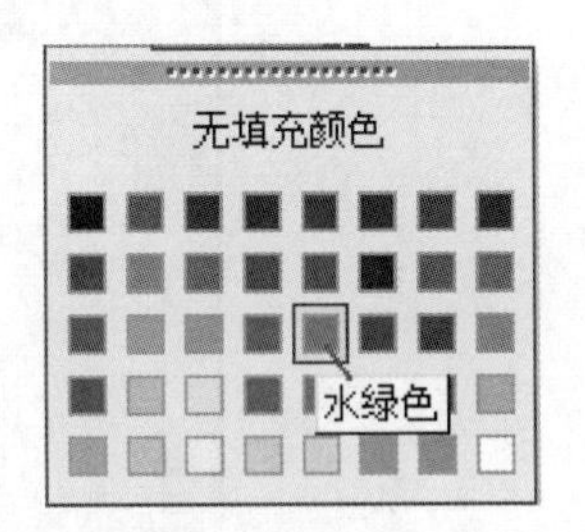

图 5-19　“填充颜色”对话框

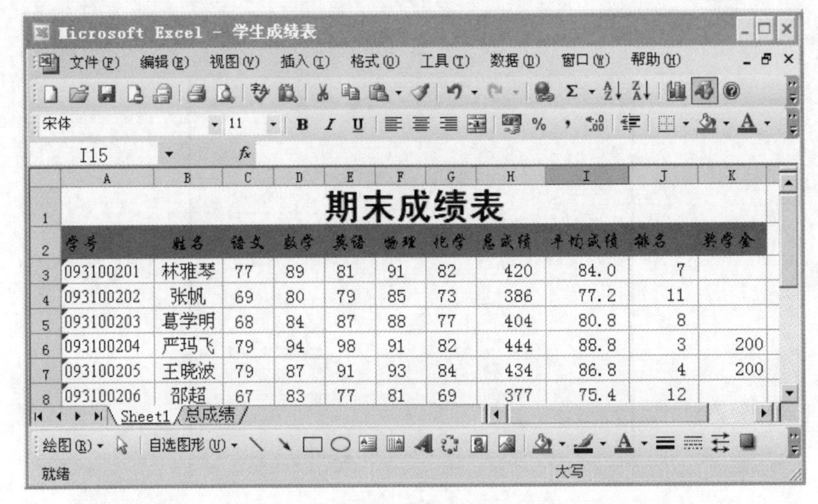

图 5-20　标题行设置

图 5-21　“条件格式”对话框

结果如图 5-22 所示。

4. 选择工作表 Sheet1 中的数据区域 A2:K16，选择“格式”→“单元格”菜单命令，打开“单元格格式”对话框，在“边框”选项卡中“线条”的“样式”选择双实线、“颜色”选择浅橙色，单击“外边框”按钮，“线条”的“样式”选择单细实线、“颜色”选择蓝色，单击“内部”按钮，如图 5-23 所示，单击“确定”按钮，结果如图 5-24 所示。

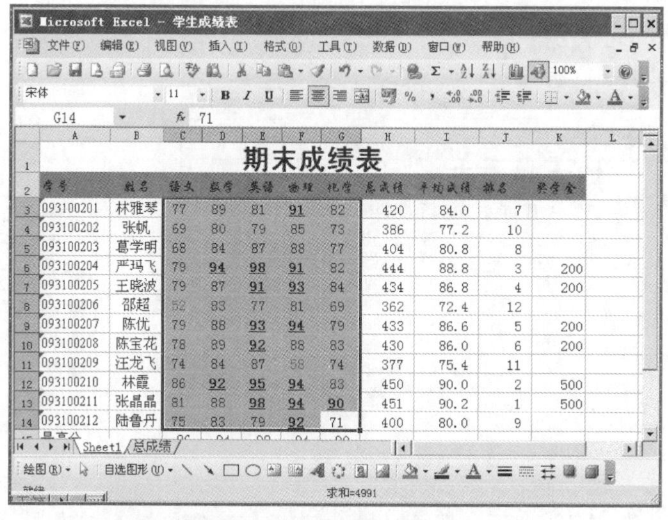

期末成绩表

学号	姓名	语文	数学	英语	物理	化学	总成绩	平均成绩	排名	奖学金
093100201	林雅琴	77	89	81	91	82	420	84.0	7	
093100202	张帆	69	80	79	85	73	386	77.2	10	
093100203	葛学明	68	84	87	88	77	404	80.8	8	
093100204	严玛飞	79	94	98	91	82	444	88.8	3	200
093100205	王晓波	79	87	91	93	84	434	86.8	4	200
093100206	邵超	52	83	77	81	69	362	72.4	12	
093100207	陈优	79	88	93	94	79	433	86.6	5	200
093100208	陈宝花	78	89	92	88	83	430	86.0	6	200
093100209	汪龙飞	74	84	87	58	74	377	75.4	11	
093100210	林霞	86	92	95	94	83	450	90.0	2	500
093100211	张晶晶	81	88	98	94	90	451	90.2	1	500
093100212	陆鲁丹	75	83	79	92	71	400	80.0	9	

图5-22 “条件格式”效果

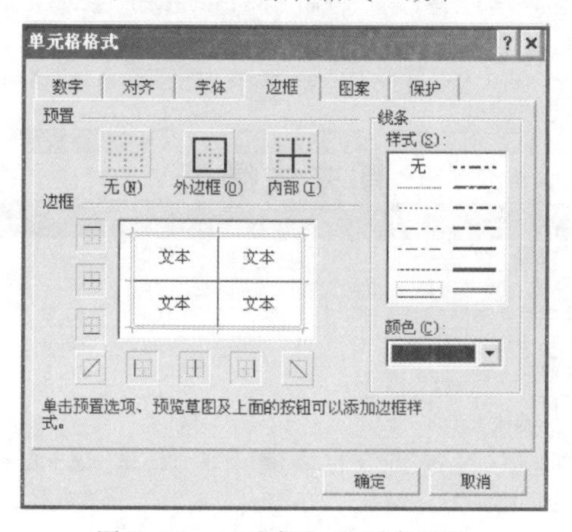

图5-23 “边框”选项卡设置

期末成绩表

学号	姓名	语文	数学	英语	物理	化学	总成绩	平均成绩	排名	奖学金
093100201	林雅琴	77	89	81	91	82	420	84.0	7	
093100202	张帆	69	80	79	85	73	386	77.2	10	
093100203	葛学明	68	84	87	88	77	404	80.8	8	
093100204	严玛飞	79	94	98	91	82	444	88.8	3	200
093100205	王晓波	79	87	91	93	84	434	86.8	4	200
093100206	邵超	52	83	77	81	69	362	72.4	12	
093100207	陈优	79	88	93	94	79	433	86.6	5	200
093100208	陈宝花	78	89	92	88	83	430	86.0	6	200
093100209	汪龙飞	74	84	87	58	74	377	75.4	11	
093100210	林霞	86	92	95	94	83	450	90.0	2	500
093100211	张晶晶	81	88	98	94	90	451	90.2	1	500
093100212	陆鲁丹	75	83	79	92	71	400	80.0	9	
最高分		86	94	98	94	90				
最低分		52	80	77	58	69				

图5-24 加“边框线”效果

5. 选择“总成绩”工作表中的数据清单的任一单元格，选择“格式”→“自动套用格式”菜单命令，打开“自动套用格式”对话框，如图 5-25 所示。在“自动套用格式”对话框中选中“序列 1”格式，单击“确定”按钮，结果如图 5-26 所示。

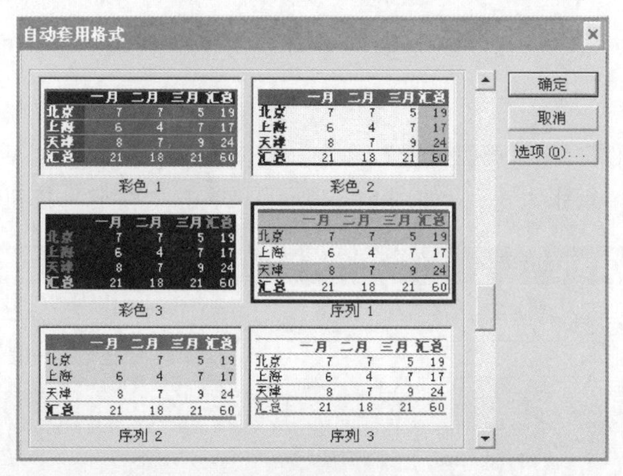

图 5-25　“自动套用格式”对话框

Microsoft Excel - 学生成绩表

C13　fx 400

	A	B	C
1	学号	姓名	总成绩
2	093100201	林雅琴	420
3	093100202	张帆	386
4	093100203	葛学明	404
5	093100204	严玛飞	444
6	093100205	王晓波	434
7	093100206	邵超	377
8	093100207	陈忧	433
9	093100208	陈宝花	430
10	093100209	汪龙飞	399
11	093100210	林霞	450
12	093100211	张晶晶	451
13	093100212	陆香丹	400

Sheet1　总成绩

就绪　求和=5028

图 5-26　应用“序列 1”效果

任务 5　页面设置与打印预览

【任务描述】

1. 设置页面方向为“横向”，纸张大小为 A4。
2. 在页面设置中将“页边距”依次设置为：（上）2 厘米、（下）1.5 厘米、（左）1.5 厘米、(右) 1.5 厘米。

3. 在页脚中间插入页码，最右边的格内输入“制表人：×××”。

4. 打印预览，查看整体效果。

【操作步骤】

1. 选择菜单“文件”→“页面设置”命令，打开“页面设置”对话框。在“页面”选项卡中设置“方向”与“纸张大小”，如图 5-27 所示。单击“确定”按钮完成。

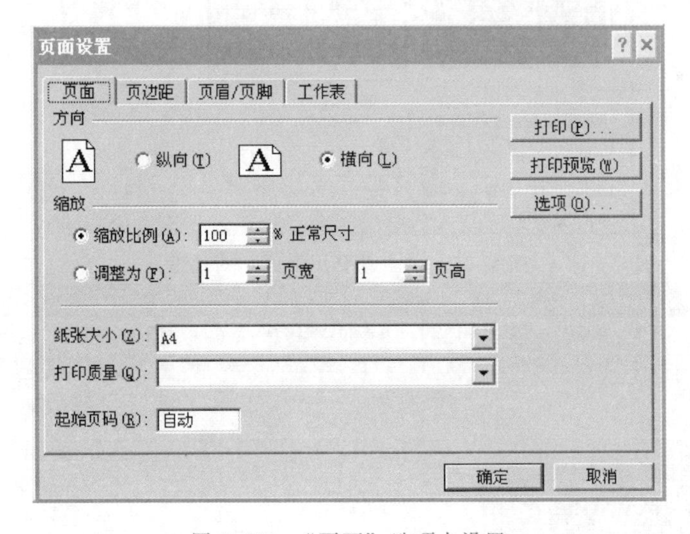

图 5-27 “页面”选项卡设置

2. 选择菜单“文件”→“页面设置”命令，打开“页面设置”对话框。在“页边距”选项卡中按任务要求设置页边距，单击“确定”按钮，如图 5-28 所示。

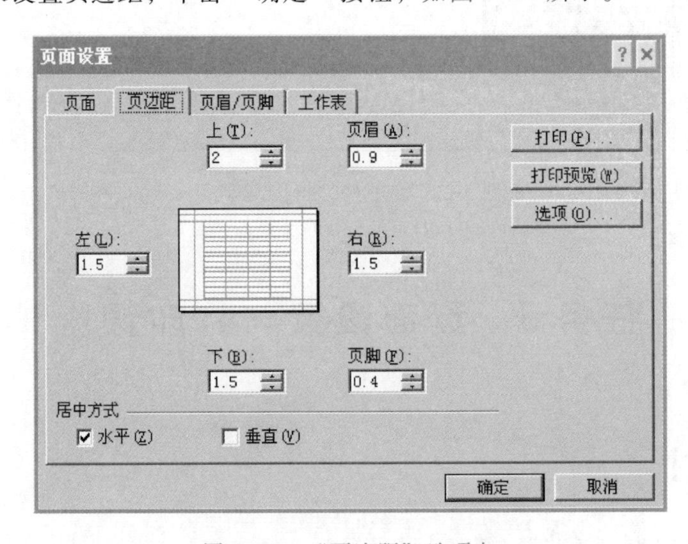

图 5-28 “页边距”选项卡

3. 选择菜单“视图”→“页眉和页脚”命令，打开“页面设置”对话框，单击“自定义页脚”按钮，弹出如图5-29所示的“页脚”对话框。在对话框的中间窗格中，单击按钮插入页码，右边的窗格内输入“制表人：×××”，单击“确定”按钮完成页脚设置。

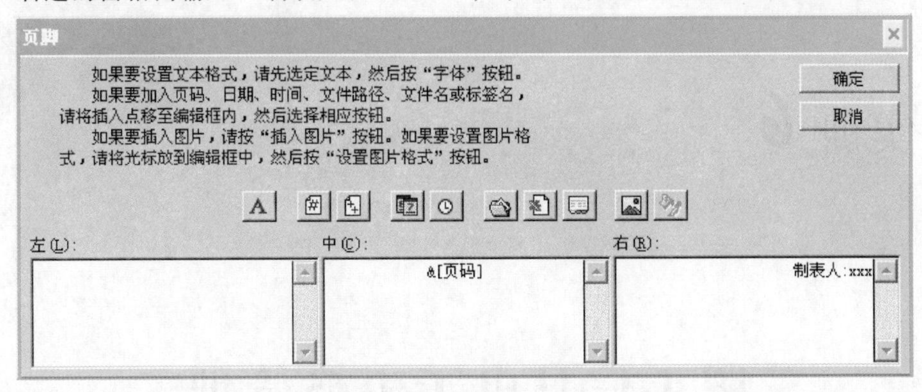

图5-29　“页脚”对话框

4. 单击工具栏中的“打印预览”按钮查看整体效果，如图5-30所示。

图5-30　“打印预览”的效果

实训 6

职工信息电子表格管理

【实训目的】

1. 熟练掌握数据清单的记录排序。
2. 熟练掌握数据清单的记录自动筛选。
3. 掌握数据的分类汇总。
4. 掌握数据图表的创建与编辑。
5. 掌握透视表与透视图的使用。

【实训环境】

1. Windows XP 操作系统。
2. Microsoft Office Excel 2003。
3. 本书配套光盘中的“实训 06”素材。

任务 1　数 据 排 序

【任务描述】

1. 将工作表 Sheet1 中的数据记录按姓名的字母顺序升序排列。

2. 将工作表 Sheet2 中的数据记录按部门升序排列，如果部门相同，则按基本工资降序排列。

【操作步骤】

1. 打开工作簿文件“职工信息表 . xls”，选择工作表 Sheet1 中姓名列的任一单元格（注意：不能选择整列），单击常用工具栏上的“升序按钮”，结果如图 6-1 所示。

Microsoft Excel - 职工信息表

B2　陈国胜

	A	B	C	D	E	F	G	H	I	J
1	职工号	姓名	性别	部门	学历	职称	工作日期	基本工资	奖金	应发工资
2	991062	陈国胜	男	计算机系	研究生	教授	1996/2/10	4500	1800	6300
3	994027	陈晓锦	男	外语系	本科	教授	1998/5/8	2800	1300	4100
4	991063	刘捷	女	计算机系	大专	副教授	1996/3/10	2000	1300	3300
5	994086	麻肖亮	男	外语系	本科	讲师	2007/12/6	4500	1800	6300
6	995022	潘巧红	女	物理系	本科	讲师	1990/1/16	4500	1300	5800
7	992032	庞固	男	化学系	大专	助教	1999/9/7	2800	1800	4600
8	991064	彭建国	男	计算机系	本科	助教	1998/4/8	4500	2000	6500
9	992005	沈洁	女	化学系	研究生	副教授	1991/3/15	3000	2000	5000
10	995034	苏虹	女	物理系	本科	副教授	1990/1/17	4500	2000	6500
11	994034	吴非庸	男	外语系	研究生	教授	2003/6/7	3500	3000	6500
12	991021	吴利园	女	计算机系	大专	助教	2007/12/6	1900	3000	4900
13	991025	许生强	男	计算机系	研究生	助教	1990/1/16	2200	3000	5200
14	994056	张平	女	外语系	本科	讲师	1999/9/7	2500	3000	5500

Sheet1 / Sheet2 / Sheet3　就绪

图 6-1　按姓名排列数据清单

2. 选择工作表 Sheet2 中的数据清单的任一单元格，选择“数据”→“排序”菜单命令，打开“排序”对话框，如图 6-2 所示。在“排序”对话框中，主要关键字选择“部门”，其后的排序方式选择升序；次要关键字选择“基本工资”，其后的排序方式选择降序，如图 6-3 所示，单击“确定”按钮，结果如图 6-4 所示。

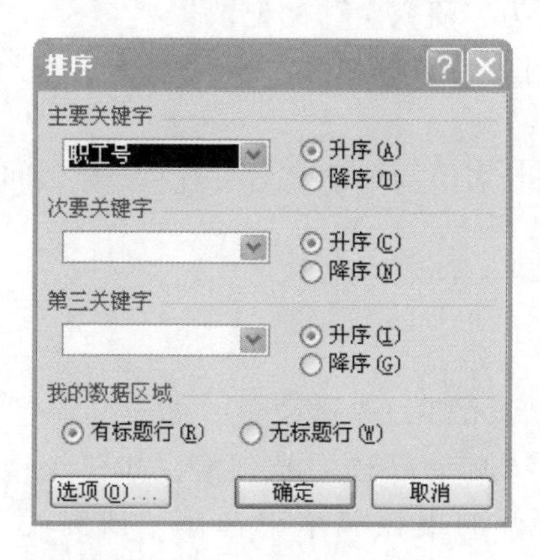

图 6-2　“排序”对话框

图 6-3　完成排序设置后的对话框

Microsoft Excel - 复件 职工信息表

H12 2500

	A	B	C	D	E	F	G	H	I	J
1	职工号	姓名	性别	部门	学历	职称	工作日期	基本工资	奖金	应发工资
2	992005	沈洁	女	化学系	研究生	副教授	1991/3/15	3000	2000	5000
3	992032	庞固	男	化学系	大专	助教	1999/9/7	2800	1800	4600
4	991062	陈国胜	男	计算机系	研究生	教授	1996/2/10	4500	1800	6300
5	991064	彭建国	男	计算机系	本科	助教	1998/4/8	2500	2000	4500
6	991025	许生强	男	计算机系	研究生	助教	1990/1/16	2200	3000	5200
7	991063	刘捷	女	计算机系	大专	副教授	1996/3/10	2000	1300	3300
8	991021	吴利园	女	计算机系	大专	助教	2007/12/6	1900	3000	4900
9	994034	吴非庸	男	外语系	研究生	教授	2003/6/7	3500	3000	6500
10	994086	麻肖亮	男	外语系	本科	讲师	2007/12/6	3500	1800	5300
11	994027	陈晓锦	男	外语系	本科	教授	1998/5/8	2800	1300	4100
12	994056	张平	女	外语系	本科	讲师	1999/9/7	2500	3000	5500
13	995034	苏虹	女	物理系	本科	副教授	1990/1/17	4500	2000	6500
14	995022	潘巧红	女	物理系	本科	讲师	1990/1/16	4200	1300	5500

Sheet1 Sheet2 Sheet3

就绪

图 6-4 排序后的结果

任务2 数据筛选

【任务描述】

1. 在工作表Sheet1的数据清单中筛选出学历为“研究生”的记录。

2. 在工作表Sheet2的数据清单中筛选出部门为“计算机系”且“基本工资”大于2500元的记录。

3. 在工作表Sheet3的数据清单中筛选出姓张且名字为单字（名只有一个字）的记录。

【操作步骤】

1. 选择工作表Sheet1中的数据清单的任一单元格，选择菜单“数据”→“筛选”→“自动筛选”命令，则在每个字段名后将出现“自动筛选”按钮▾，如图6-5所示。单击学历字段名后的“自动筛选”按钮▾，在打开的下拉菜单中选择“研究生”，结果如图6-6所示。

	A	B	C	D	E	F	G	H	I	J
1	职工号	姓名	性别	部门	学历	职称	工作日期	基本工资	奖金	应发工资
2	991062	陈国胜	男	计算机系	研究生	教授	1996/2/10	4500	1800	6300
3	994027	陈晓锦	男	外语系	本科	教授	1998/5/8	2800	1300	4100
4	991063	刘捷	女	计算机系	大专	副教授	1996/3/10	2000	1300	3300
5	994086	麻肖亮	男	外语系	本科	讲师	2007/12/6	4500	1800	6300
6	995022	潘巧红	女	物理系	本科	讲师	1990/1/16	4500	1300	5800
7	992032	庞固	男	化学系	大专	助教	1999/9/7	2800	1800	4600
8	991064	彭建国	男	计算机系	本科	助教	1998/4/8	4500	2000	6500
9	992005	沈洁	女	化学系	研究生	副教授	1991/3/15	3000	2000	5000
10	995034	苏虹	女	物理系	本科	副教授	1990/1/17	4500	2000	6500
11	994034	吴非庸	男	外语系	研究生	教授	2003/6/7	3500	3000	6500
12	991021	吴利园	女	计算机系	大专	助教	2007/12/6	1900	3000	4900
13	991025	许生强	男	计算机系	研究生	助教	1990/1/16	2200	3000	5200
14	994056	张平	女	外语系	本科	讲师	1999/9/7	2500	3000	5500

图 6-5 自动筛选

	A	B	C	D	E	F	G	H	I	J
1	职工号	姓名	性别	部门	学历	职称	工作日期	基本工资	奖金	应发工资
2	991062	陈国胜	男	计算机系	研究生	教授	1996/2/10	4500	1800	6300
9	992005	沈洁	女	化学系	研究生	副教授	1991/3/15	3000	2000	5000
11	994034	吴非庸	男	外语系	研究生	教授	2003/6/7	3500	3000	6500
13	991025	许生强	男	计算机系	研究生	助教	1990/1/16	2200	3000	5200

在 13 条记录中找到 4 个

图 6-6 筛选结果

2. 选择工作表 Sheet2 中的数据清单的任一单元格，选择菜单“数据”→“筛选”→“自动筛选”命令，单击“部门”字段名后的“自动筛选”按钮，在打开的下拉菜单中选择“计算机系”，再单击“基本工资”字段名后的“自动筛选”按钮，在打开的下拉菜单中选择“(自定义…)”，在“自定义自动筛选方式”对话框中，设定筛选条件“基本工资大于2500”，如图 6-7 所示，单击“确定”按钮，结果如图 6-8 所示。

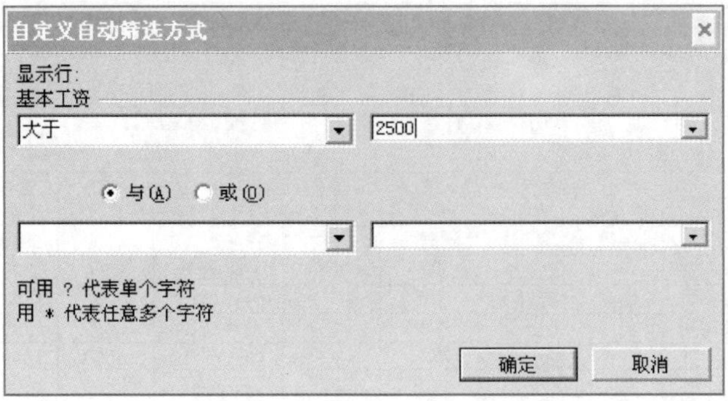

自定义自动筛选方式

显示行:
基本工资
大于 2500
与(A) 或(O)
可用 ? 代表单个字符
用 * 代表任意多个字符
确定 取消

图 6-7 设置筛选条件

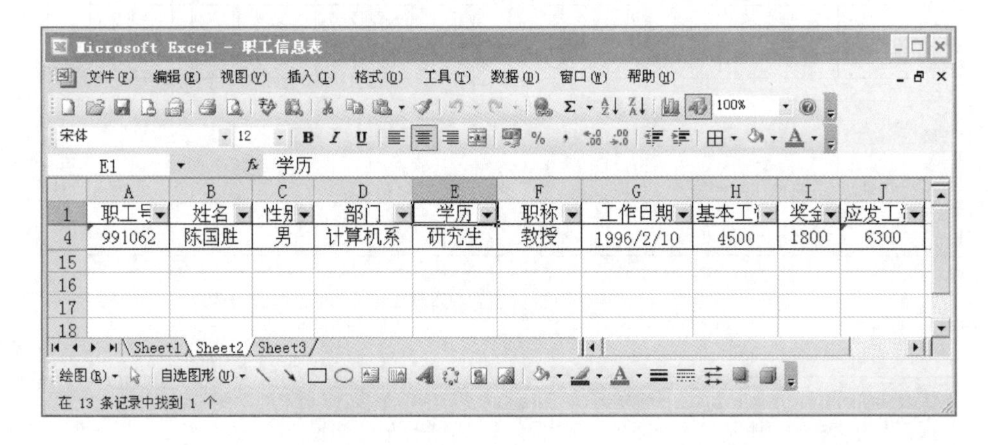

图 6-8 筛选结果

3. 选择工作表 Sheet3 中的数据清单的任一单元格，选择菜单“数据”→“筛选”→“自动筛选”命令，单击姓名字段名后的“自动筛选”按钮，在打开的下拉菜单中选“（自定义…）”，在“自定义自动筛选方式”对话框中，设定筛选条件为姓名等于“张?”（其中“?”应为英文半角状态），如图 6-9 所示，单击“确定”按钮，结果如图 6-10 所示。

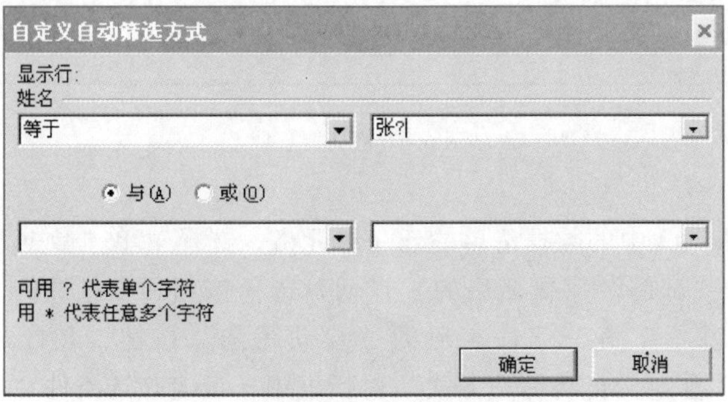

自定义自动筛选方式

显示行:
姓名
等于 张?
与(A) 或(O)
可用 ? 代表单个字符
用 * 代表任意多个字符
确定 取消

图 6-9 设置筛选条件

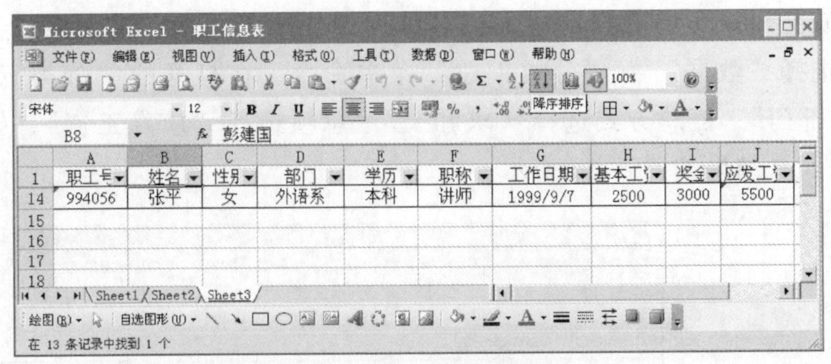

图 6-10　筛选结果

任务 3　数据分类汇总

【任务描述】

1. 将工作表 Sheet4 中的数据清单的内容分类汇总，分别求出不同学历的人数。

2. 将工作表 Sheet5 中的数据清单的内容分类汇总，统计出每个部门的“应发工资”总数。

【操作步骤】

1. 选择工作表 Sheet4 中数据清单学历中的任一单元格，单击格式工具栏上的升序（降序）按钮，选择菜单“数据”→“分类汇总”命令，打开“分类汇总”对话框，分类字段选择“学历”，汇总方式选择“计数”，汇总项选择“学历”，如图 6-11 所示，单击“确定”按钮，结果如图 6-12 所示。

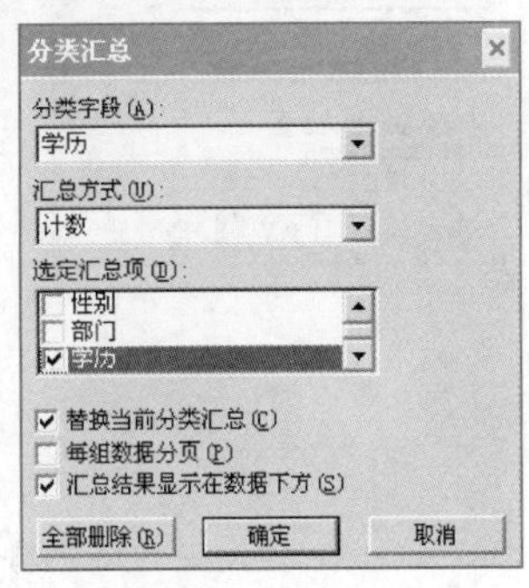

图 6-11　“分类汇总”对话框

	A	B	C	D	E	F	G	H	I	J
1	职工号	姓名	性别	部门	学历	职称	工作日期	基本工资	奖金	应发
2	994027	陈晓锦	男	外语系	本科	教授	1998/5/8	2800	1300	41
3	994086	麻肖亮	男	外语系	本科	讲师	2007/12/6	4500	1800	63
4	995022	潘巧红	女	物理系	本科	讲师	1990/1/16	4500	1300	58
5	991064	彭建国	男	计算机系	本科	助教	1998/4/8	4500	2000	65
6	995034	苏虹	女	物理系	本科	副教授	1990/1/17	4500	2000	65
7	994056	张平	女	外语系	本科	讲师	1999/9/7	2500	3000	55
8				本科 计数	6					6
9	991063	刘捷	女	计算机系	大专	副教授	1996/3/10	2000	1300	33
10	992032	庞固	男	化学系	大专	助教	1999/9/7	2800	1800	46
11	991021	吴利园	女	计算机系	大专	助教	2007/12/6	1900	3000	49
12				大专 计数	3					3
13	991062	陈国胜	男	计算机系	研究生	教授	1996/2/10	4500	1800	63
14	992005	沈洁	女	化学系	研究生	副教授	1991/3/15	3000	2000	50
15	994034	吴非庸	男	外语系	研究生	教授	2003/6/7	3500	3000	65
16	991025	许生强	男	计算机系	研究生	助教	1990/1/16	2200	3000	52
17				研究生 计数	4					[illegible]
18				总计数	13					1

图 6-12　“分类汇总”结果

2. 选择工作表 Sheet5 中数据清单部门名称列的任一单元格，单击格式工具栏上的升序（降序）按钮，选择“数据”→“分类汇总”菜单命令，在打开的“分类汇总”对话框中，分类字段选择“部门”，汇总方式选择“求和”，汇总项选择“应发工资”，如图 6-13 所示，单击“确定”按钮，结果如图 6-14 所示。

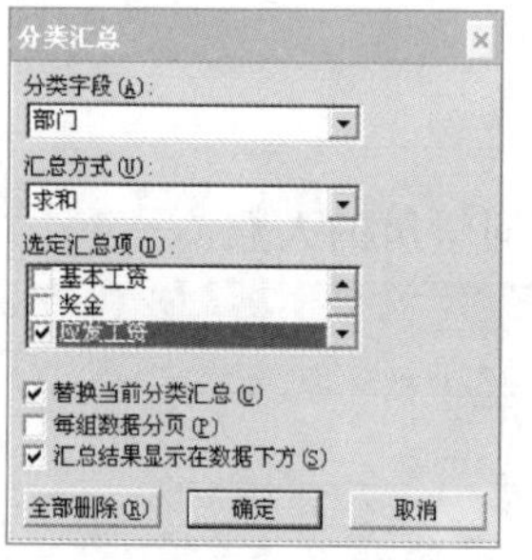

图 6-13 “分类汇总”对话框

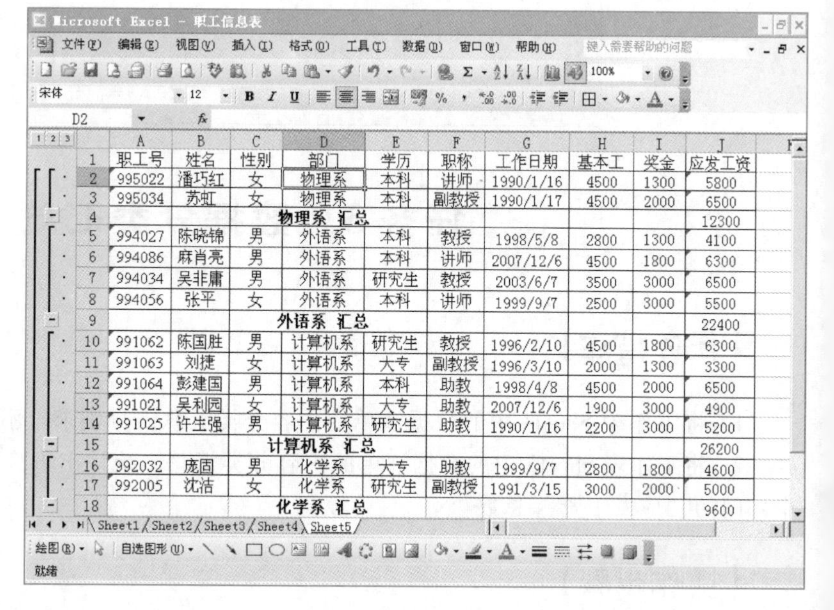

	A	B	C	D	E	F	G	H	I	J
1	职工号	姓名	性别	部门	学历	职称	工作日期	基本工	奖金	应发工资
2	995022	潘巧红	女	物理系	本科	讲师	1990/1/16	4500	1300	5800
3	995034	苏虹	女	物理系	本科	副教授	1990/1/17	4500	2000	6500
4				物理系 汇总						12300
5	994027	陈晓锦	男	外语系	本科	教授	1998/5/8	2800	1300	4100
6	994086	麻肖亮	男	外语系	本科	讲师	2007/12/6	4500	1800	6300
7	994034	吴非庸	男	外语系	研究生	教授	2003/6/7	3500	3000	6500
8	994056	张平	女	外语系	本科	讲师	1999/9/7	2500	3000	5500
9				外语系 汇总						22400
10	991062	陈国胜	男	计算机系	研究生	教授	1996/2/10	4500	1800	6300
11	991063	刘捷	女	计算机系	大专	副教授	1996/3/10	2000	1300	3300
12	991064	彭建国	男	计算机系	本科	助教	1998/4/8	4500	2000	6500
13	991021	吴利园	女	计算机系	大专	助教	2007/12/6	1900	3000	4900
14	991025	许生强	男	计算机系	研究生	助教	1990/1/16	2200	3000	5200
15				计算机系 汇总						26200
16	992032	庞固	男	化学系	大专	助教	1999/9/7	2800	1800	4600
17	992005	沈洁	女	化学系	研究生	副教授	1991/3/15	3000	2000	5000
18				化学系 汇总						9600

图 6-14 “分类汇总”结果

任务4 图表创建与设置

【任务描述】

1. 根据工作表 Sheet6 中数据清单的“姓名”列和“应发工资”列内容，创建“簇状柱形图”，X 轴上为姓名（系列产生在“列”），图表标题为“职工应发工资对比图”，插入到工作表 Sheet6 的 C2:G12 单元格区域内。

2. 设置图表标题字体为“隶书”，字号为 12，颜色为“红色”。

3. 图表的背景填充设置为“蓝色面巾纸”纹理。

【操作步骤】

1. 选择工作表 Sheet6 中的“姓名”列和“合计”列的单元格内容，选择菜单“插入”→“图表”命令，在“图表类型”对话框的图表类型中选择“柱形图”，在子图表类型中选择

“簇状柱形图”，如图 6-15 所示。单击“下一步”按钮，保持“图表数据源”对话框中的默认设置，单击“下一步”按钮，在“图表选项”对话框的图表标题栏中输入“职工应发工资对比图”，如图 6-16 所示，单击“完成”按钮。拖动图表左上角的控点至 C2 单元格区域内，拖动图表右下角的控点至 G12 单元格区域内，如图 6-17 所示。

图 6-15 “图表类型”对话框

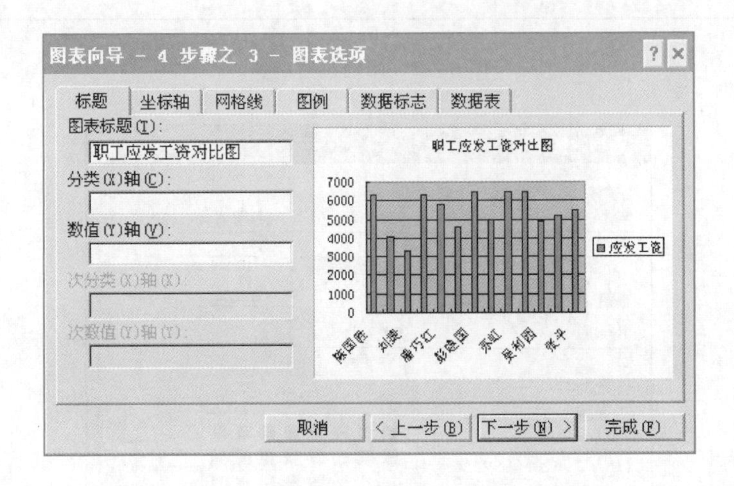

图 6-16 “图表选项”对话框

2. 选择标题文本，选择菜单“格式”→“图表标题”命令，在“图表标题格式”对话框中设置字体为“隶书”，字号为 12，颜色为“红色”，如图 6-18 所示，单击“确定”按钮退出。

3. 右击图表，选择“图表区格式”菜单命令，打开“图表区格式”对话框，如图 6-19

所示。在“图案”选项卡中单击“填充效果”按钮，在“填充效果”对话框的“纹理”选项卡中选择“蓝色面巾纸”纹理，如图 6-20 所示，单击“确定”按钮，图表背景填充效果如图 6-21 所示。

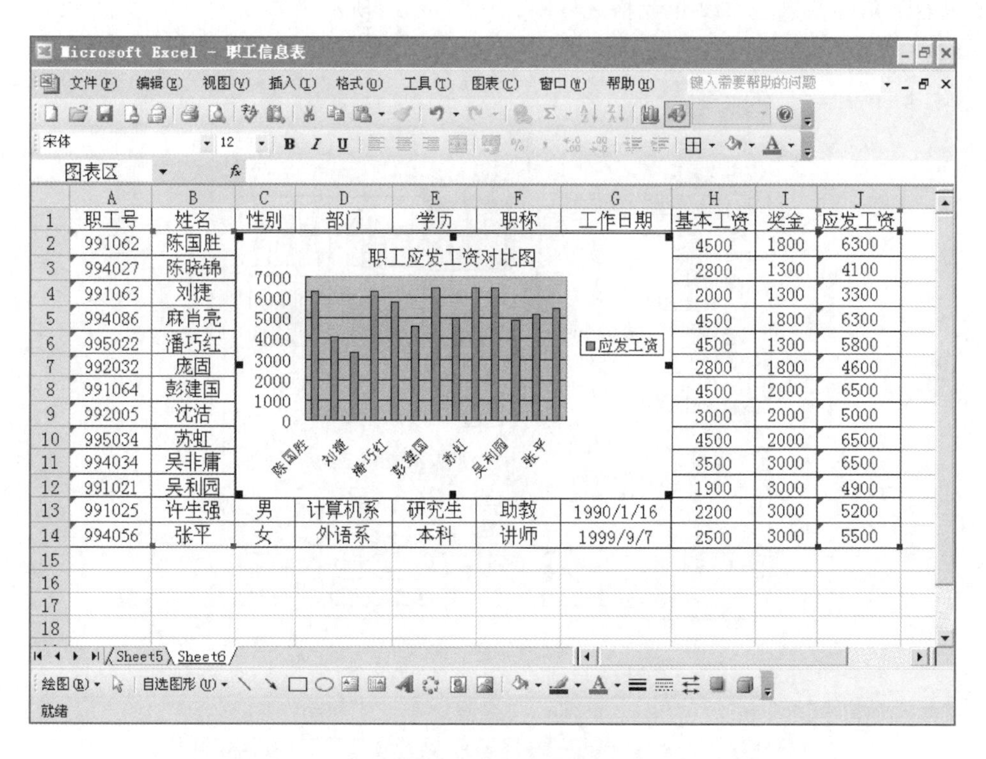

图 6-17 图表位置调整

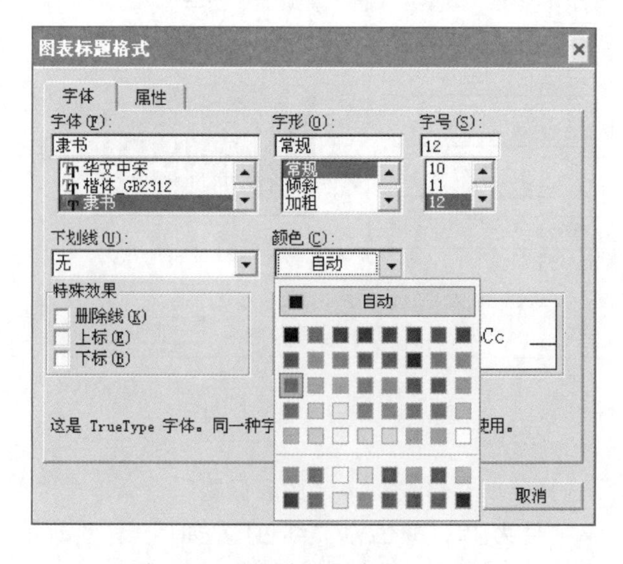

图 6-18 “图表标题格式”对话框

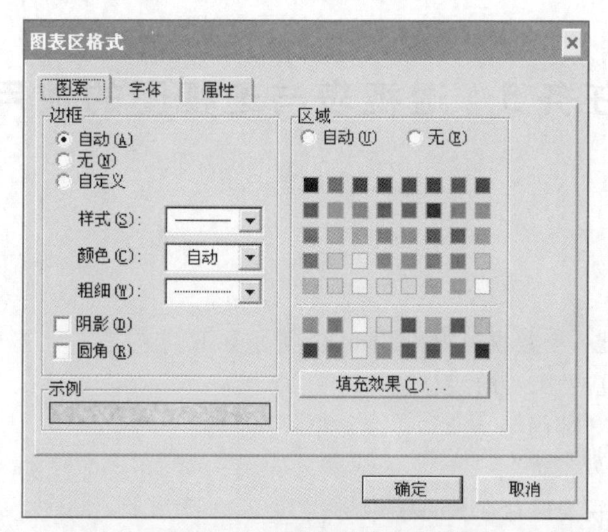

图 6-19　“图表区格式”对话框

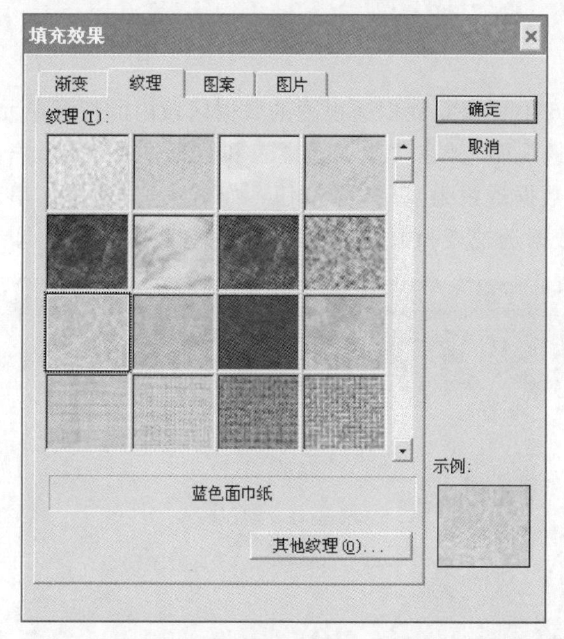

图 6-20　“填充效果”对话框

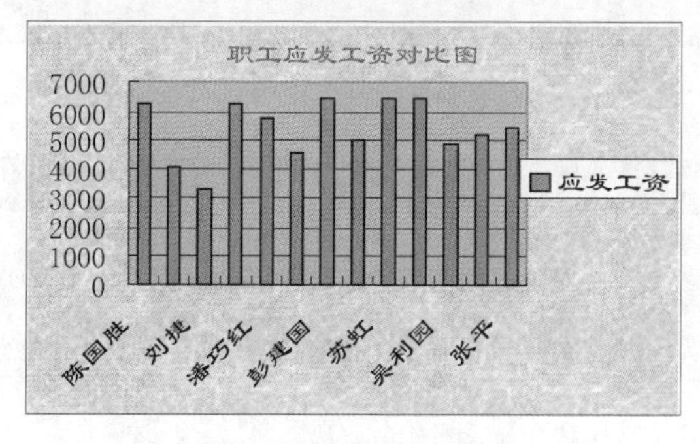

图 6-21　背景填充效果

任务5 透视表与透视图的使用

【任务描述】

根据 Sheet6，创建一个数据透视图 Chart1，要求如下。

1. 显示每个部门应发工资的汇总；
2. 行区域设置为“部门”；
3. 计数项为“应发工资”；
4. 对应的数据透视表保存在 Sheet7 中。

【操作步骤】

将光标定位于 Sheet6 中要建立数据透视图的数据区域内的任意单元格，选择菜单“数据”→“数据透视表和数据透视图”，在“数据透视表和数据透视图向导—3 步骤之 1”对话框中单击“数据透视图（及数据透视表）”单选按钮，如图 6-22 所示，单击“下一步”按钮，弹出如图 6-23 所示的“数据透视表和数据透视图向导—3 步骤之 2”，单击“下一步”按钮。

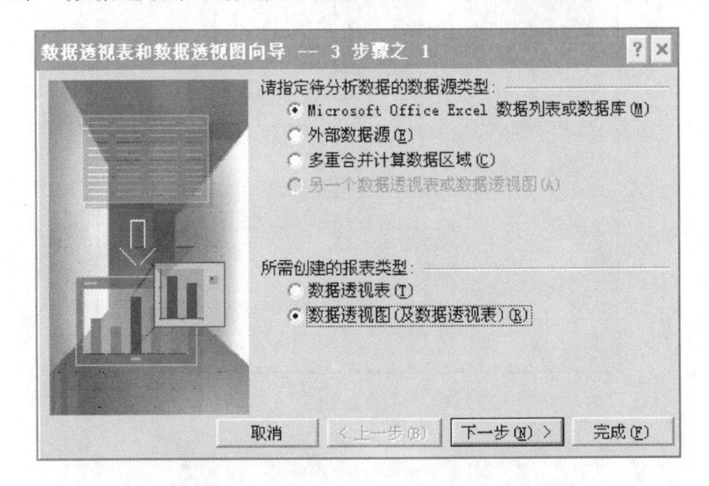

图 6-22 “数据透视表和数据透视图向导—3 步骤之 1”对话框

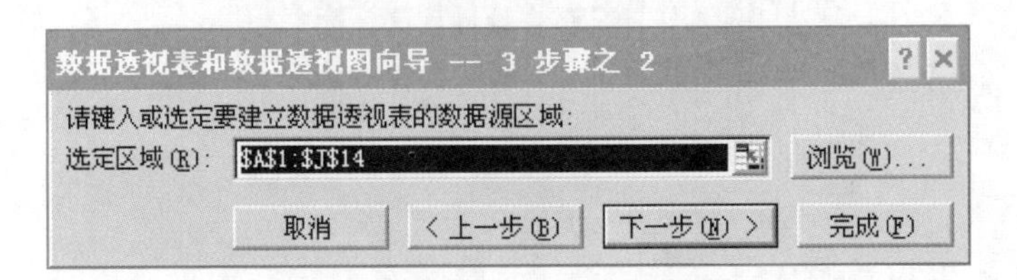

图 6-23 “数据透视表和数据透视图向导—3 步骤之 2”对话框

在“数据透视表和数据透视图向导—3 步骤之 3”对话框中选中“现有工作表”单选按钮，并在下面的文本框中输入数据透视表显示的位置“Sheet7! A1”（或用光标直接定位），如图 6-24 所示。单击“布局”按钮，弹出如图 6-25 所示“布局”对话框，将“布局”对话框右边的“部门”字段拖至左边的“行”区域内，“应发工资”字段拖至左边的“数据”区域内，单击“确定”按钮返回图 6-24 所示的对话框，单击“完成”按钮，在工作簿中增加 Chart1 工作表，打开该工作表查看根据 Sheet6 创建的数据透视图，如图 6-26 所示，打开 Sheet7 查看如图 6-27 所示的相应的数据透视表。

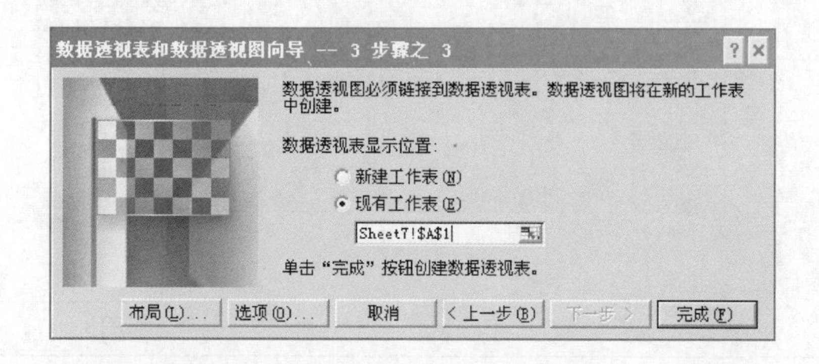

图 6-24　“数据透视表和数据透视图向导—3 步骤之 3”对话框

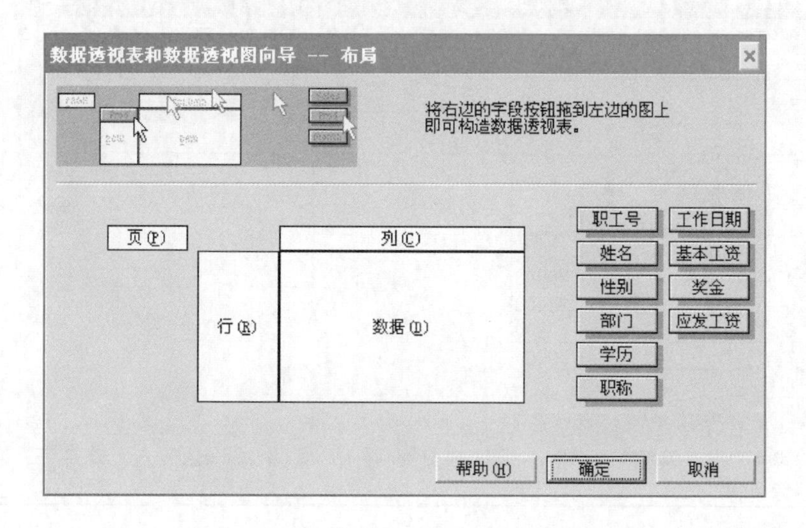

图 6-25　“数据透视表和数据透视图向导—布局”对话框

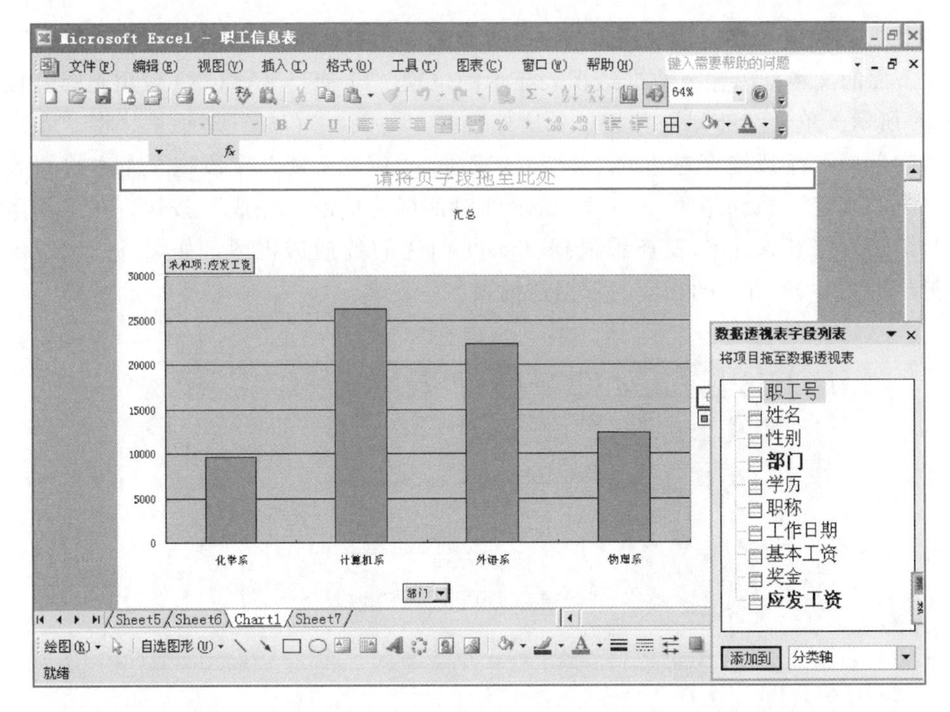

图 6-26 数据透视图

图 6-27 数据透视表

实训 7

使用 PowerPoint 制作学校介绍宣传片

【实训目的】

1. 熟悉 PowerPoint 2003 的启动与退出，掌握演示文稿的新建和保存。
2. 熟练掌握幻灯片的插入、复制、移动、删除等操作。
3. 掌握文本的格式设置与项目符号的使用。
4. 掌握演示文稿中多媒体元素的插入。
5. 掌握幻灯片背景的设置。

【实训环境】

1. Windows XP 操作系统。
2. Microsoft Office PowerPoint 2003。
3. 本书配套光盘中的“实训 07”素材。

任务 1　新演示文稿的建立与保存

【任务描述】

启动 PowerPoint 2003，创建演示文稿“学校介绍宣传片 . ppt”并保存至桌面。

【操作步骤】

单击“开始”→“程序”→“Microsoft Office”→“Microsoft Office PowerPoint 2003”菜单命令，如图 7-1 所示，启动 PowerPoint 2003，启动后的窗口如图 7-2 所示。

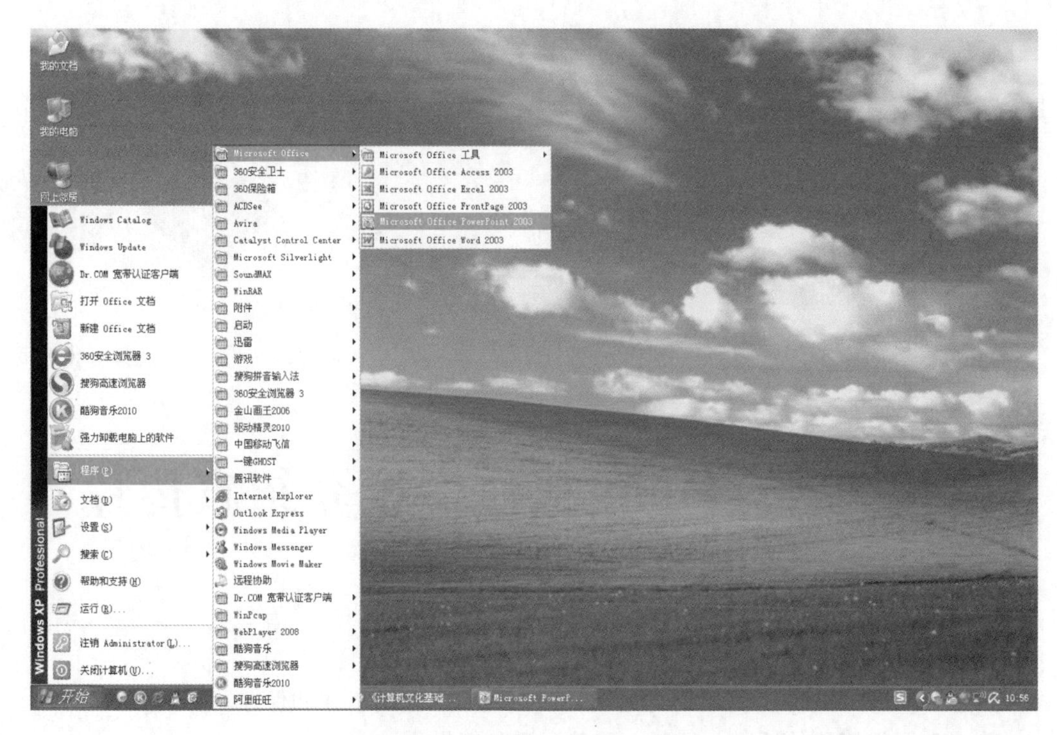

图 7-1　启动 PowerPoint 2003

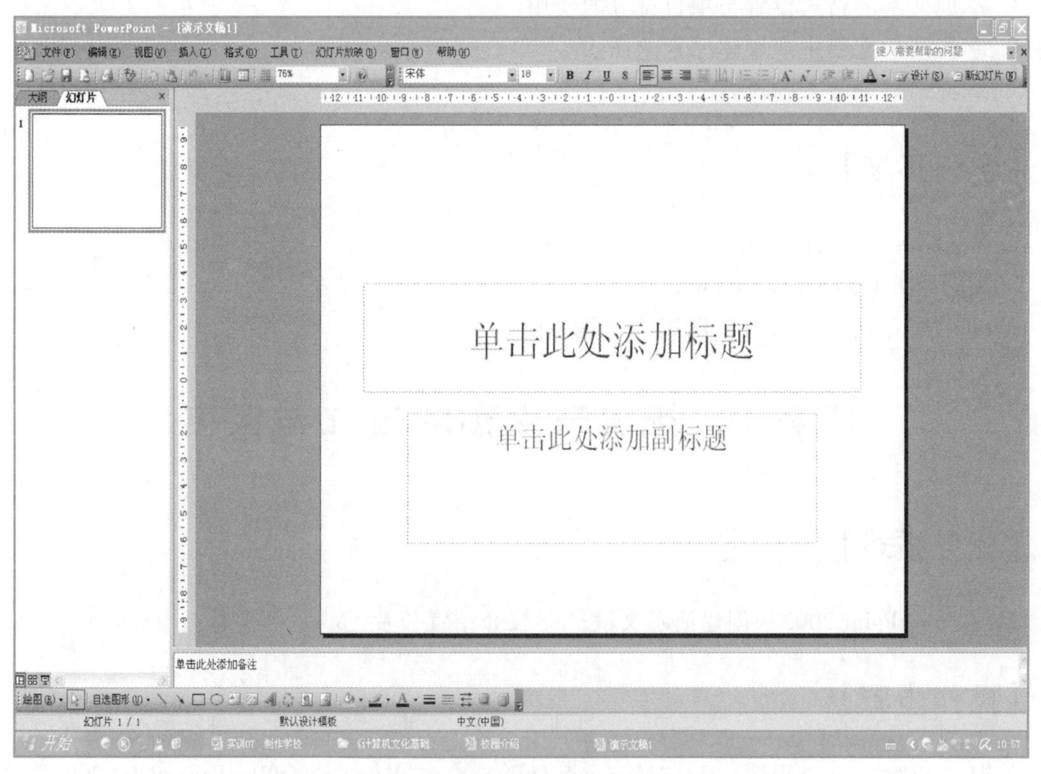

图 7-2　PowerPoint 2003 启动后的窗口

单击常用工具栏中的“保存按钮”（第一次保存文件），或选择菜单“文件”→“另存为”命令，打开“另存为”对话框。“保存位置”选择“桌面”，在“文件名”文本框中输入“学校介绍宣传片”，单击对话框右下方的“保存”按钮，如图7-3所示。

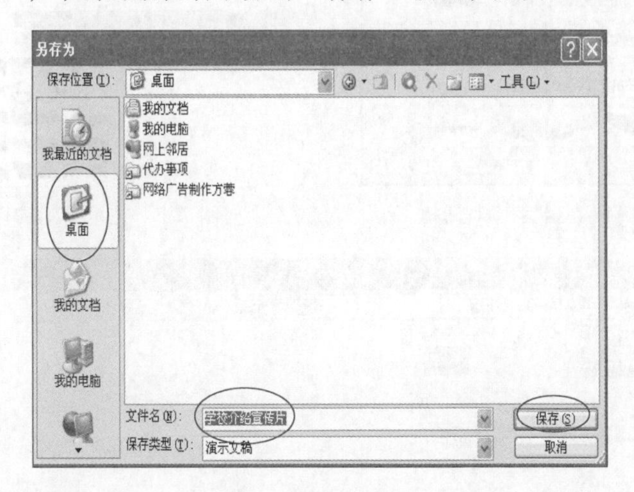

图7-3 PowerPoint2003 演示文稿的保存

任务2 对象的插入

【任务描述】

1. 为第一张幻灯片添加艺术字标题“金华职业技术学院”。
2. 为第一张幻灯片插入配套光盘“实训07”→“图片素材”中的“校园.jpg”图片。

【操作步骤】

1. 选中第一张幻灯片，选择菜单“插入”→“图片”→“艺术字”命令，打开“艺术字库”对话框，如图7-4所示，选择第三行第四列的艺术字样式，单击“确定”按钮，打开编辑“艺术字”文字对话框，输入文字“金华职业技术学院”，设置适当的字号，单击“确定”按钮，即可将艺术字插入到幻灯片中。选中“金华职业技术学院”艺术字，弹出“艺术字”工具栏，如图7-5所示，单击“艺术字形状”按钮，选择“细下弯弧”形状。

2. 选中第一张幻灯片，选择菜单“插入”→“图片”→“来自文件”命令，打开“插入图片”对话框，如图7-6所示。在查找范围处选择图片文件的存放目录“实训07”→“图片素材”文件夹，选中图片“校园”，单击“插入”按钮，即可将图片插入到幻灯片中，调整图片到合适的大小。第一张幻灯片的最终效果如图7-7所示。

图 7-4　艺术字库对话框

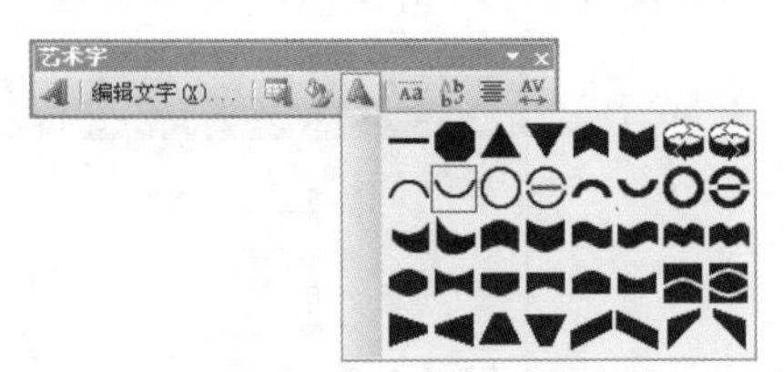

图 7-5　艺术字工具栏

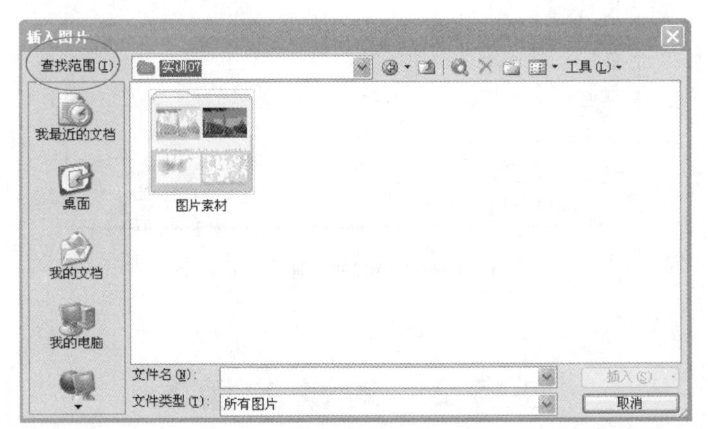

图 7-6　插入图片对话框

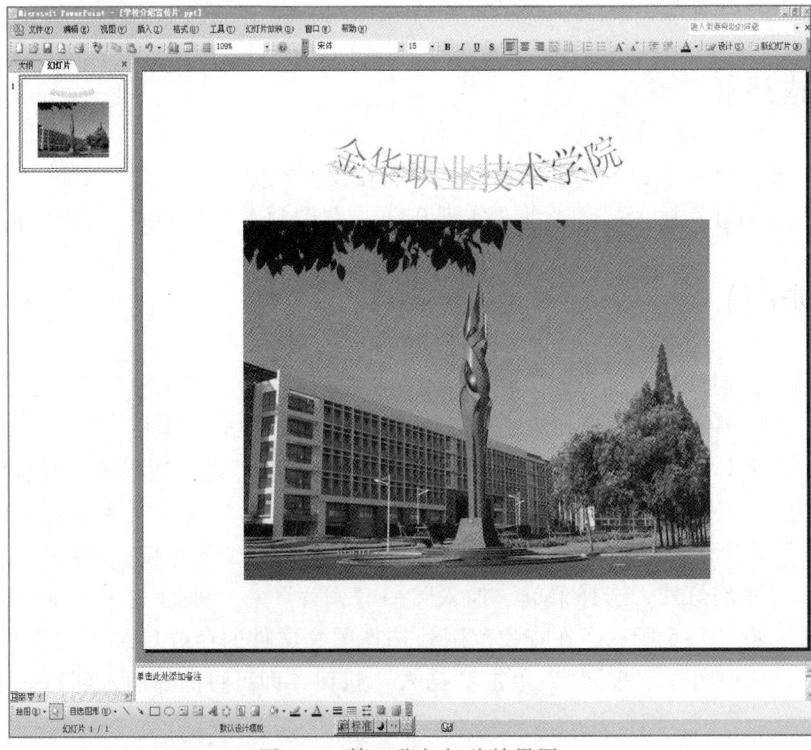

图 7-7　第一张幻灯片效果图

任务3 编排演示文稿段落

【任务描述】

1. 插入第二张幻灯片，选择“空白”版式。

2. 为第二张幻灯片添加文字“学校简介”、“学校概况”、“五位一体”、“专业介绍”和“学校荣誉”。

3. 按光盘“实训07”中“最终效果参考.pps”文件分别制作“学校简介”、“学校概况”、“五位一体”、“专业介绍”和“学校荣誉”幻灯片。

【操作步骤】

1. 选择菜单“插入”→“新幻灯片”命令，插入第二张幻灯片。选择菜单“格式”→“幻灯片版式”命令，在右侧会出现“幻灯片版式”窗格，选择“空白”版式。

2. 选中第二张幻灯片，选择菜单“插入”→“文本框”→“水平”命令，在幻灯片需要插入文字的地方单击鼠标，输入“学校简介”，设置字体为黑体，字号为24号。按相同方法依次插入其他四段文字内容，最终效果如图7-8所示。

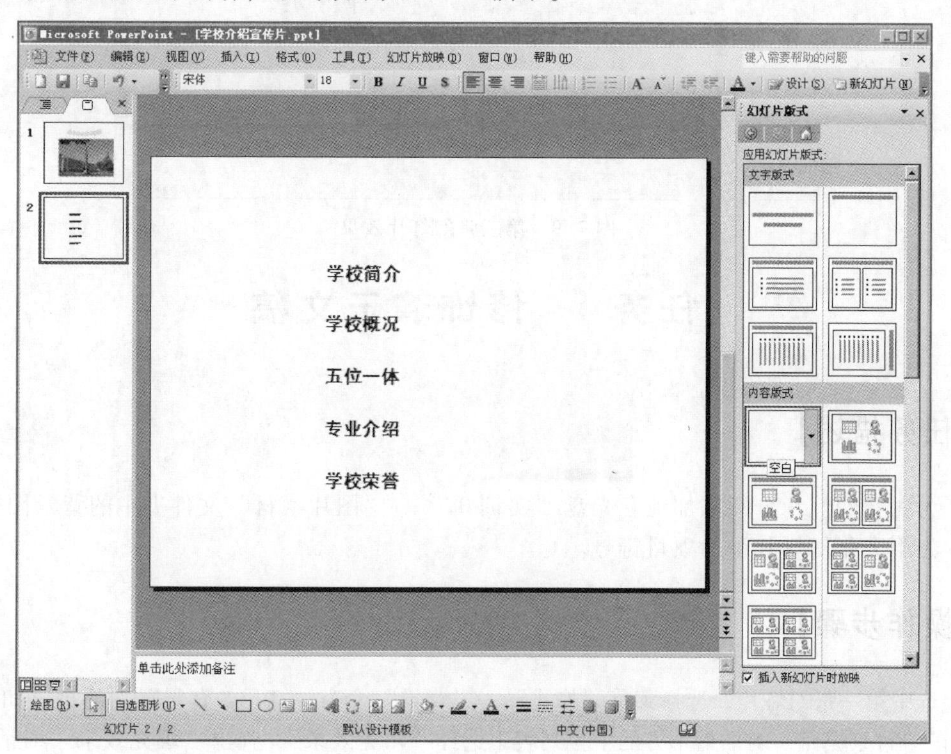

图7-8 第二张幻灯片效果图

3. 选择菜单“插入”→“新幻灯片”命令，插入第三张幻灯片，设置为“标题和文本”版式。打开“实训 07”中“学校简介”文本文件，将其中的文字复制，选中第三张幻灯片，在“单击此处添加文本”处右击鼠标选择“粘贴”命令，并设置文本的字体为楷体，字号为 18 号，在“单击此处添加标题”处输入文本“学校简介”，设置字体为“楷体”，字号为 24 号。选中“学校简介”标题文本框，选择绘图工具栏中“绘图”→“旋转或翻转”→“自由旋转”命令，在标题文本的四周出现四个绿色的圆点，移动鼠标到其中的任一圆点上并拖动鼠标，使其旋转 90 度，并调整位置，最终效果如图 7-9 所示。按相同方法参照“最终效果参考 . pps”文件依次插入第四 ~ 十张幻灯片内容。

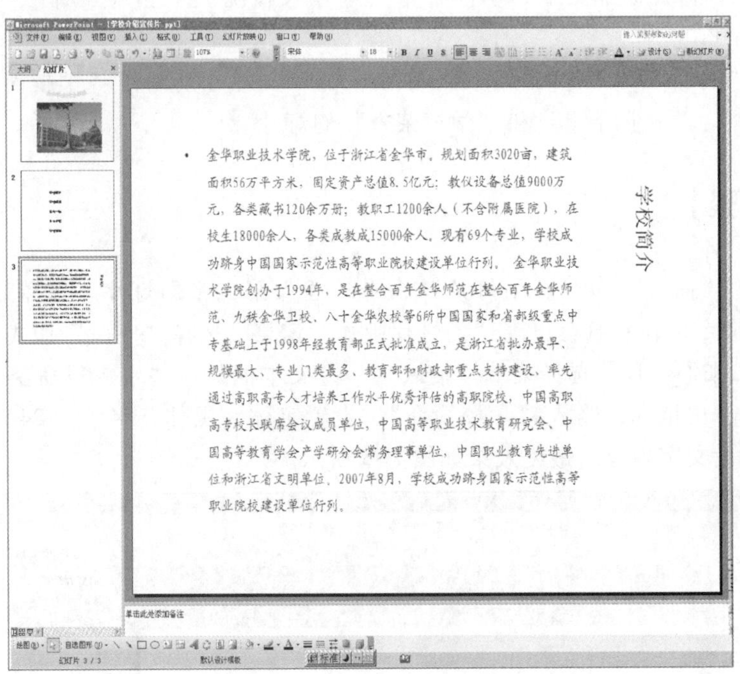

图 7-9 第三张幻灯片效果

任务 4 修饰演示文稿

【任务描述】

1. 为每张幻灯片分别添加配套光盘“实训 07”→“图片素材”文件夹中的背景图片。
2. 为第九张幻灯片添加项目符号。

【操作步骤】

1. 选中第一张幻灯片，选择菜单“格式”→“背景”命令，打开“背景”对话框，如图 7-10 所示，在“背景填充”对话框下方的下拉列表中选择“填充效果”，弹出“填充效果”对话框，如图 7-11 所示。可以选择“渐变”、“纹理”、“图案”、“图片”等填充效果，选择“图片”选项卡，单击“选择图片”按钮，在弹出的对话框中找到“实训 07”→“图片素材”中的“淡雅 1”图片，单击“插入”按钮后，单击“确定”按钮，返回背景对话框。若只将背景应用于当前幻灯片，则单击“应用”按钮，若要将背景应用于全部幻灯片，则单击“全部应用”按钮。单击“应用”按钮，完成第一张幻灯片的背景设置，效果如图 7-12 所示。按相似方法设置其他的幻灯片背景。

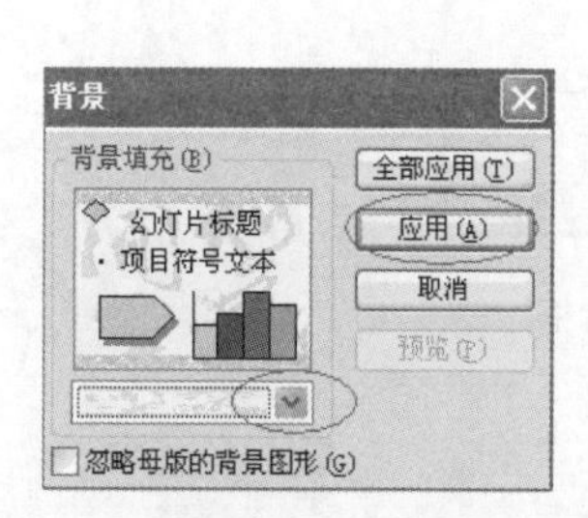

图 7-10　背景对话框

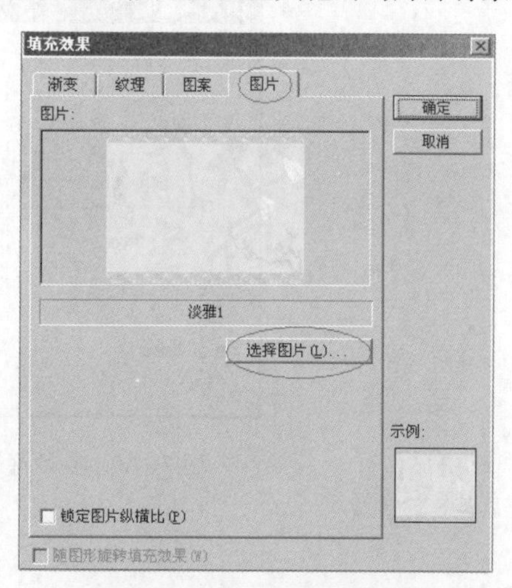

图 7-11　填充效果对话框

图 7-12　第一张幻灯片最终效果图

2. 选中第九张幻灯片，将光标定位在文本框“2006 年”处，选择菜单“格式”→“项目符号和编号”命令，打开“项目符号和编号”对话框，如图 7-13 所示。选择第二行的第三个项目符号类型，单击“确定”按钮。按同样方法设置“2007 年”文本框的项目符号。

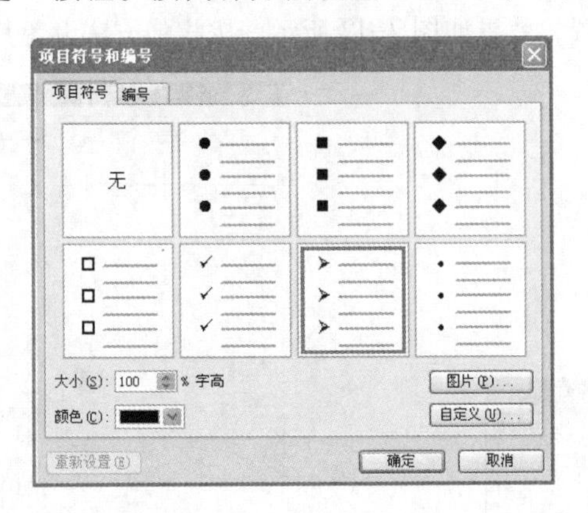

图 7-13 项目符号和编号对话框

实训 8

制作毕业论文答辩演示文稿

【实训目的】

1. 掌握使用模板新建演示文稿。
2. 熟练运用幻灯片的版式。
3. 掌握图表、表格与组织结构图的使用。
4. 熟练掌握动画效果的设置。
5. 掌握动作按钮与超链接设置。
6. 掌握放映效果的设置。

【实训环境】

1. Windows XP 操作系统。
2. Microsoft Office PowerPoint 2003。
3. 本书配套光盘中的“实训 08”素材。

任务 1 使用模板新建演示文稿

【任务描述】

启动 PowerPoint 2003，应用模板“crayons”，创建演示文稿“毕业论文答辩 . ppt”并保存至桌面。

【操作步骤】

启动 PowerPoint 2003，在右侧的任务窗格中选择“新建演示文稿”命令，如图 8-1 所示，选择“根据设计模板”，在右侧会出现“幻灯片设计”窗格，或选择菜单“格式”→“幻灯片设计”命令。选择模板“crayons”即可将该模板应用于当前演示文稿中，如图 8-2 所示。

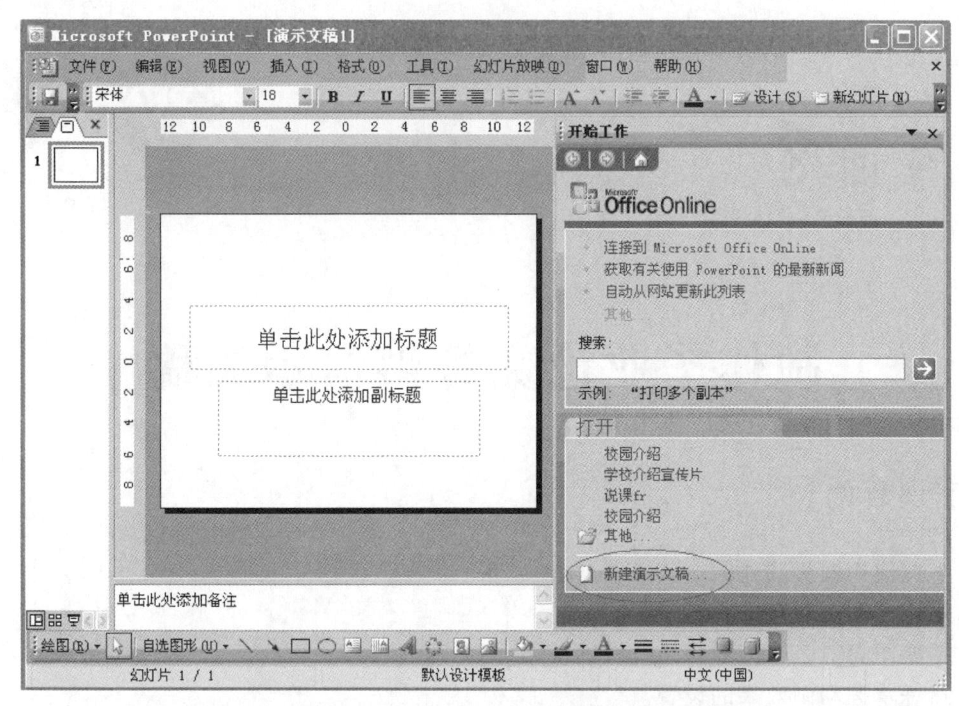

图 8-1 启动 PowerPoint 2003 的窗口

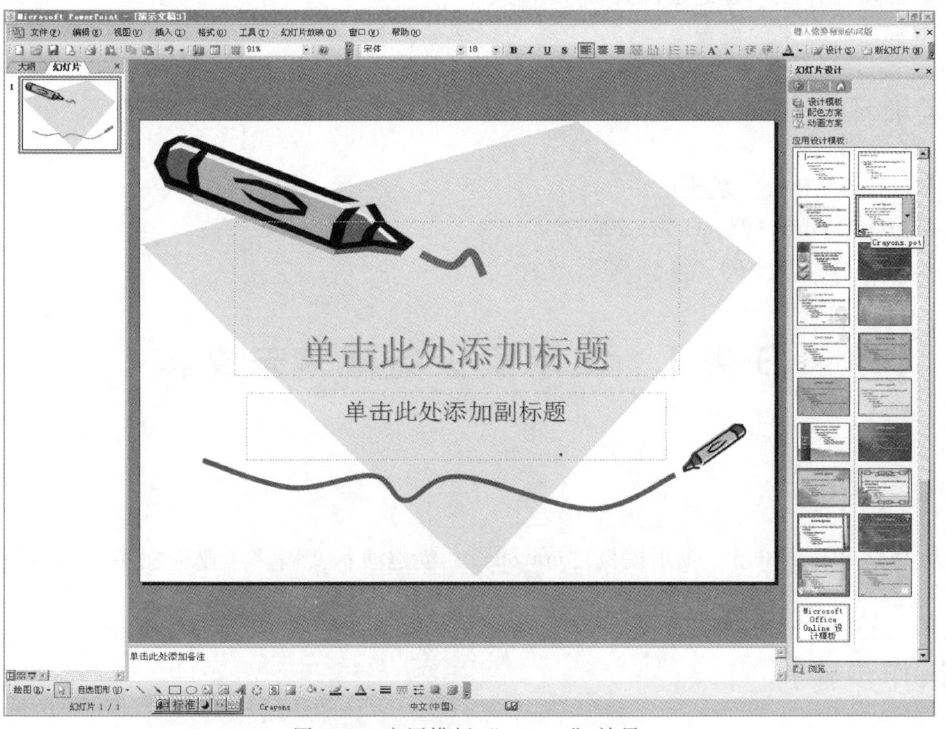

图 8-2 应用模板“crayons”效果

单击常用工具栏中的“保存按钮”，或选择菜单“文件”→“另存为”命令，打开“另存为”对话框。“保存位置”选择“桌面”，在“文件名”文本框中输入“毕业论文答辩”，单击“保存”按钮。

任务 2　幻灯片版式的应用

【任务描述】

1. 将第一张幻灯片设置为“标题幻灯片”版式，主标题设置为“网上答疑系统的设计与实现”，副标题设置为“指导老师、学生姓名、学号”等信息，并设置字体属性。

2. 插入第二张幻灯片，设置为“标题和文本”版式，在标题区输入“目录”，在文本区输入“论文的研究目标和意义”、“系统功能简图”、“系统设计”、“分值量化图表”、“数据库设计表格”、“谢辞”，并设置相应效果。

3. 插入第三张幻灯片，设置为“标题、文本与内容”版式，在标题区输入“论文的研究目标和意义”，在文本区输入相应内容，在内容区插入“实训 08”文件夹中的图片“学校风景 . jpg”。

4. 插入第四张幻灯片，设置为“标题和图示或组织结构图”版式，在标题区输入文字“系统功能简图”。

5. 插入第五张幻灯片，设置为“标题，内容与文本”版式。在标题区输入“系统设计”，在文本区输入相应内容，在内容区插入“实训 08”文件夹中的图片“教学楼 . jpg”。

6. 插入第六张幻灯片，设置为“标题和图表”版式，在标题区输入文字“分值量化图表”。

7. 插入第七张幻灯片，设置为“标题和表格”版式，在标题区输入文字“数据库设计表格”。

8. 插入第八张幻灯片，设置为“空白”版式，在幻灯片中插入艺术字“感谢各位老师的指导!”，并插入“实训 08”文件夹中的图片“指导 . jpg”。

【操作步骤】

1. 选择菜单“格式”→“幻灯片版式”命令，在右侧会打开“幻灯片版式”窗格，如图 8-3 所示，选择“标题幻灯片”版式。在标题占位符中输入文字“网上答疑系统的设计与实现”，在副标题中输入“指导老师、学生姓名、学号”等信息，并填写姓名、学号等内容。将标题设置为“居中”、“阴影”效果，字号 72 磅、“方正舒体”字体，将字体设置为深绿色。副标题设置为宋体、28 磅。在标题上方插入一个文本框，输入“毕业论文答辩”，设置为“方正舒体”，36 磅，字体颜色为深绿色，并设置居中，阴影效果，效果如图 8-4 所示。

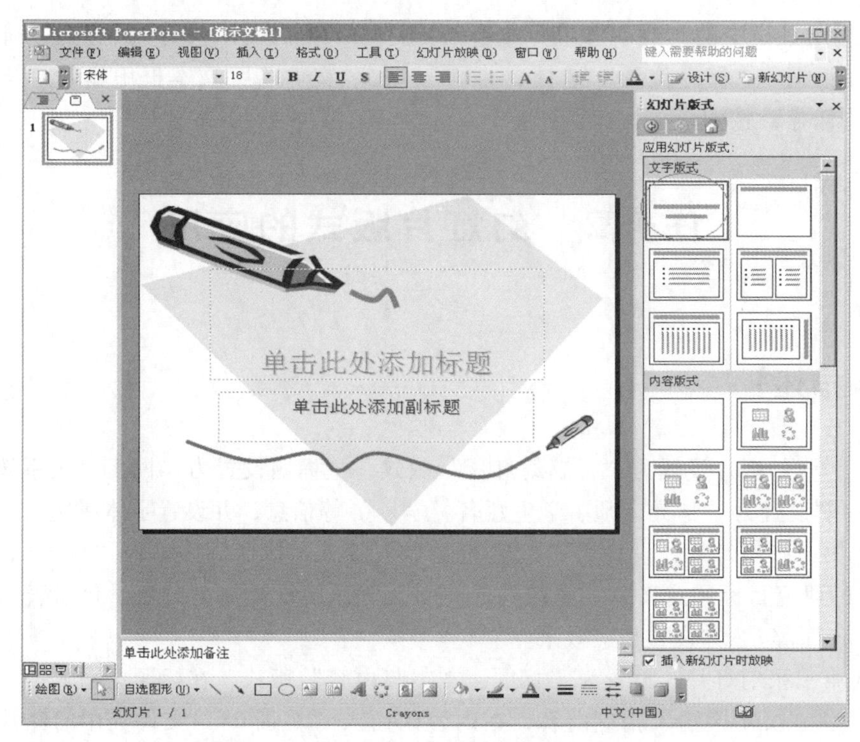

图 8-3 打开“幻灯片版式”窗格后的窗口

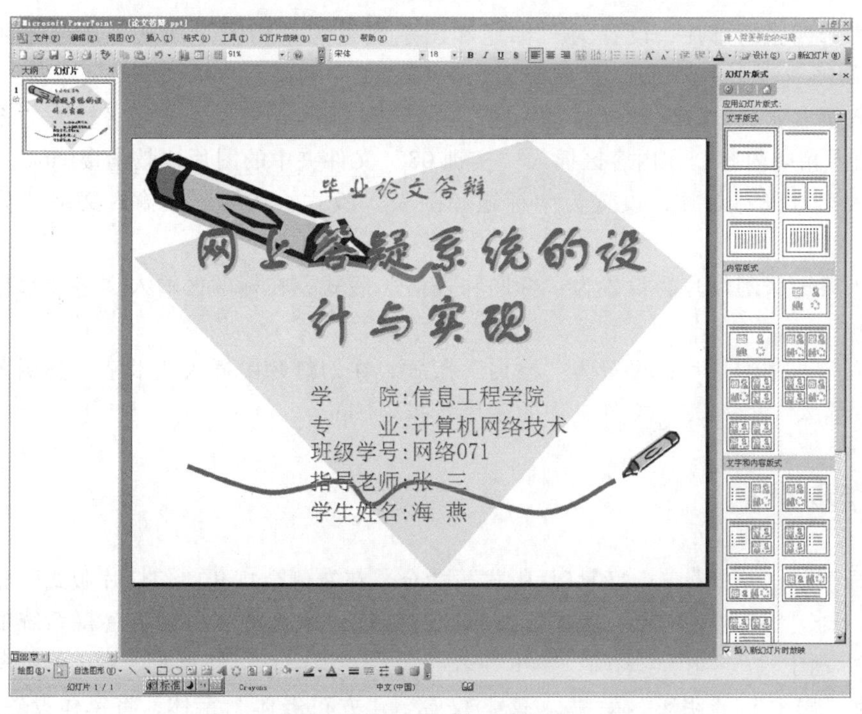

图 8-4 第一张幻灯片效果图

2. 选择菜单“插入”→“新幻灯片”命令，插入第二张幻灯片，设置为“标题和文本”版式。输入目录的内容，设置标题和文本的字体，选中文本，单击“格式”工具栏上的“更改文字方向”按钮，效果如图 8-5 所示。

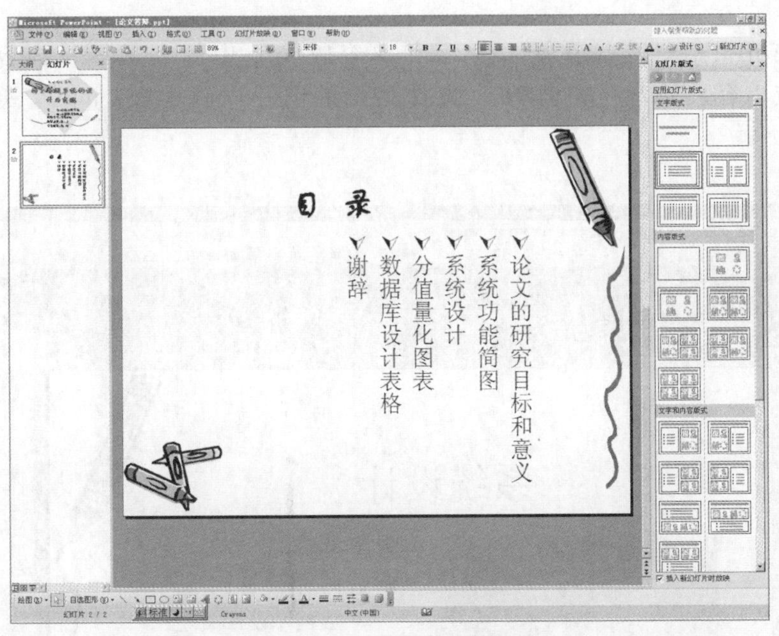

图 8-5　目录幻灯片效果图

3. 插入第三张幻灯片，设置为“标题、文本与内容”版式。在该幻灯片中输入如图 8-6 所示的内容，标题和文本的字体设置同第二张幻灯片，插入的图片是“实训 08”文件夹中的“学校风景 . jpg”，效果如图 8-6 所示。

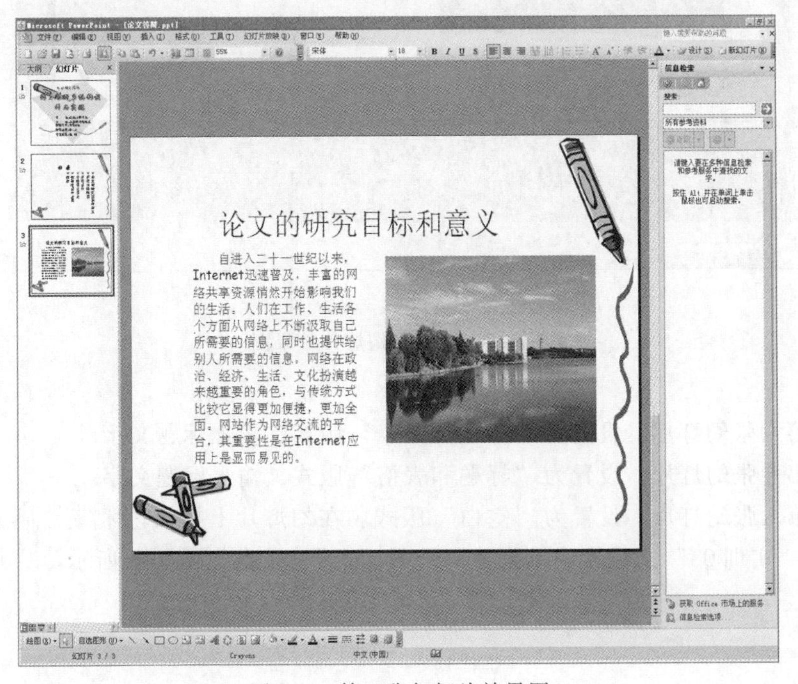

图 8-6　第三张幻灯片效果图

4. 插入第四张幻灯片，选择版式为“标题和图示或组织结构图”，输入标题文字。

5. 插入第五张幻灯片，选择“文字和内容版式”中的“标题，内容与文本”版式。输入相应内容，插入“实训08”文件夹中的图片“教学楼.jpg”。效果如图8-7所示。

图8-7 第五张幻灯片效果图

6. 插入第六张幻灯片，设置为“标题和图表”版式，输入标题文字。

7. 插入第七张幻灯片，设置为“标题和表格”版式，输入标题文字。

8. 插入第八张幻灯片，设置为“空白”版式。在幻灯片上插入艺术字“感谢各位老师的指导”，插入“实训08”文件夹中的图片“指导.jpg”，效果如图8-8所示。

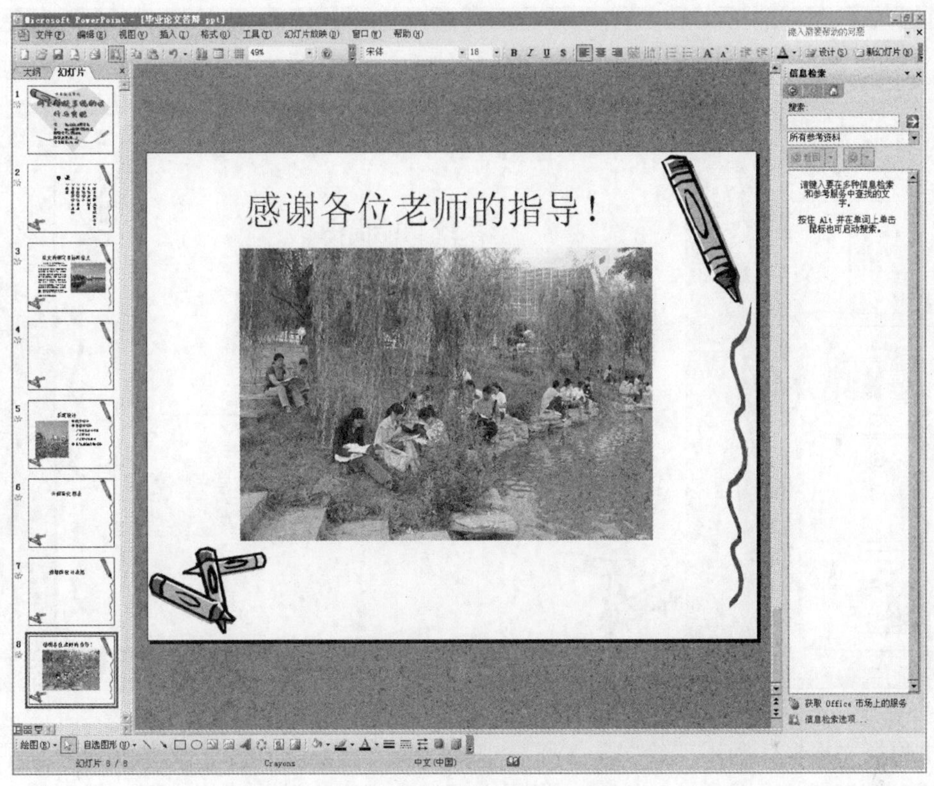

图 8-8　第八张幻灯片效果图

任务3　插入图、表与组织结构图

【任务描述】

1. 为第四张幻灯片插入系统功能组织结构图。
2. 为第六张幻灯片插入分值量化图表。
3. 为第七张幻灯片插入数据库设计表格。

【操作步骤】

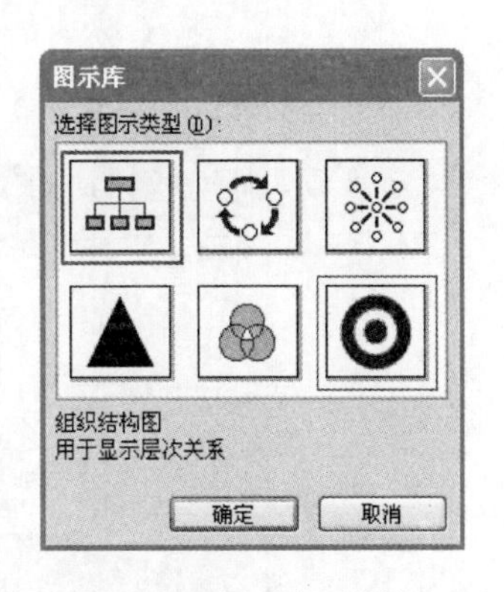

图 8-9　图示库对话框

1. 选择第四张幻灯片，根据提示双击“双击添加图示或组织结构图”占位符，打开“图示库”对话框，如图 8-9 所示。选择“组织结构图”，选中顶层的文本框，在“组织结构图”工具栏的“插入形状”下拉列表中选择“下属”命令，添加当前文本框的下属，使顶层文本框有四个下属文本框，效果如图 8-10 所示。

分别为第二层的第一个文本框和第三个文本框插入“下属”文本框，并将其下属版式分别设置为“右悬挂”和“标准”，最后单击“版式”下拉列表取消选中“自动版式”。

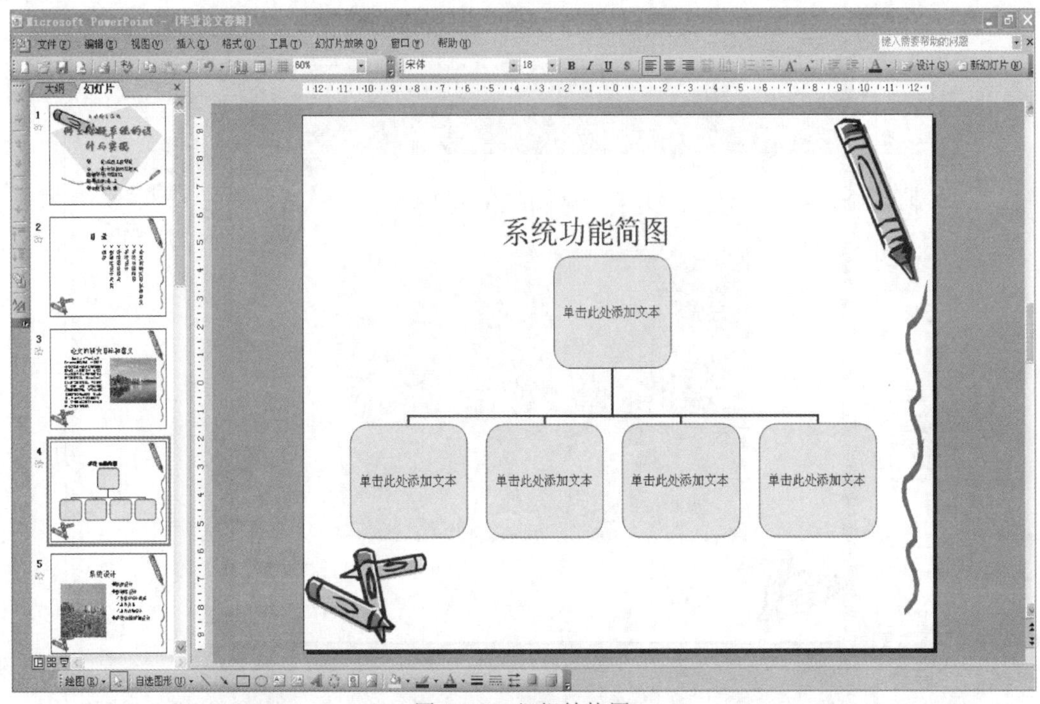

图 8-10 组织结构图

选中顶层文本框，利用“绘图”工具栏中的“填充颜色”按钮，在“渐变”选项卡中进行“雨后初晴”填充。输入文字内容，根据文字调整文本框的大小。在第二层和第三层的每个文本框中输入相应内容，设置文字格式并改变第二层文本框中文字方向为竖排。按同样的方法依次设置第二、三、四层文本框的大小、填充效果，制作效果如图 8-11所示。

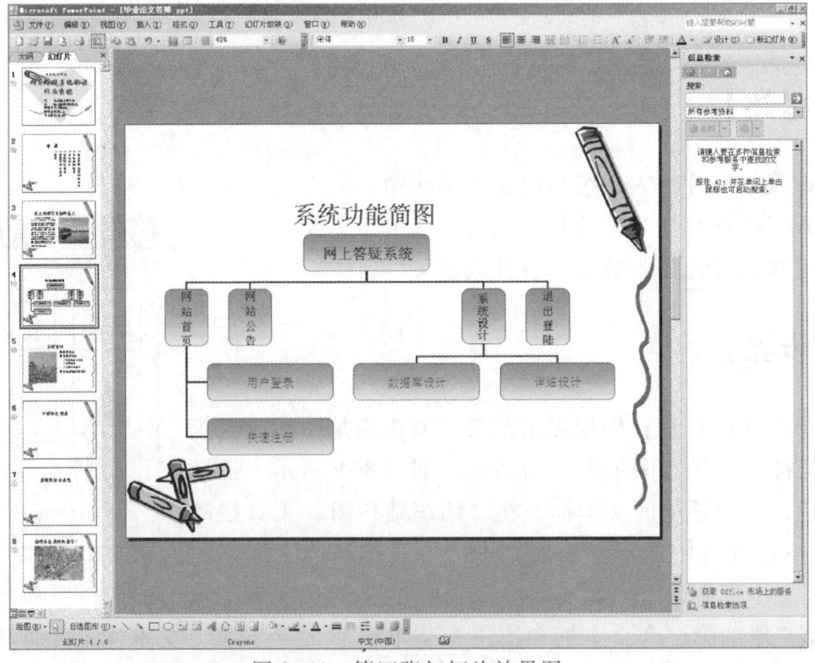

图 8-11 第四张幻灯片效果图

2. 选择第六张幻灯片，根据提示双击“双击此处添加图表”占位符，添加图表，并显示相应的“数据表”对话框，如图 8-12所示。在数据表中修改或填写以下数据：A、B、C、D、E 列下方分别填入“不合格”、“合格”、“中等”、“良好”、“优秀”，第一行的“东部”改为“分值”，后面数据依次改为 10、17.6、40、20.4、12，删除第二和第三行。完成后的图表如图 8-13 所示。作如图 8-13 所示的图表，类型为默认类型。

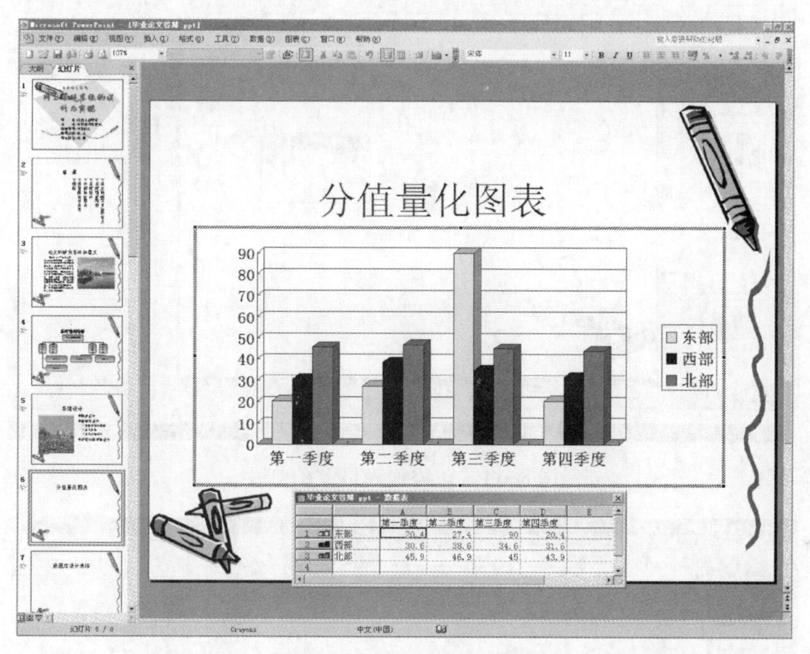

图 8-12 “图表”幻灯片

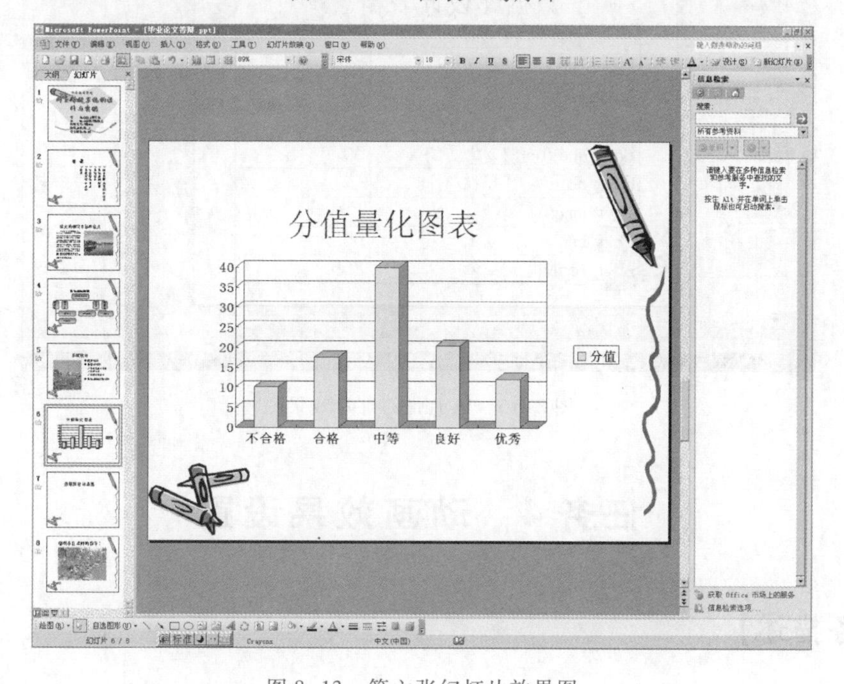

图 8-13 第六张幻灯片效果图

3. 选择第七张幻灯片，根据提示双击“双击此处添加表格”占位符，打开“插入表格”对话框，如图8-14所示。制作9行3列的表格，输入标题文字和表格内容，制作效果如图8-15所示。

图8-14 “添加表格”幻灯片

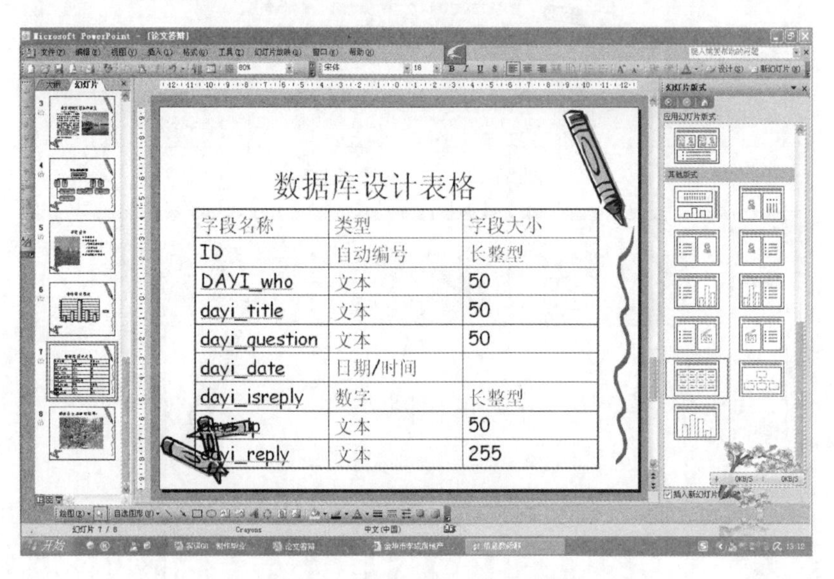

字段名称	类型	字段大小
ID	自动编号	长整型
DAYI_who	文本	50
dayi_title	文本	50
dayi_question	文本	50
dayi_date	日期/时间	
dayi_isreply	数字	长整型
dayi_ip	文本	50
dayi_reply	文本	255

图8-15 第七张幻灯片效果图

任务4 动画效果设置

【任务描述】

对每张幻灯片中的文本、图、表、组织结构图等对象设置为“自底部”→“中速”→

“飞入”的动画效果。

【操作步骤】

选择第一张幻灯片中的标题文字，选择菜单“幻灯片放映”→“自定义动画”命令，打开“自定义动画”任务窗格，如图 8-16 所示。单击“添加效果”按钮，选择“进入”→“飞入”命令，开始设置为“单击时”，方向设置为“自底部”，速度设置为“中速”。按同样方法依次设置其他幻灯片中的各个对象的动画效果。

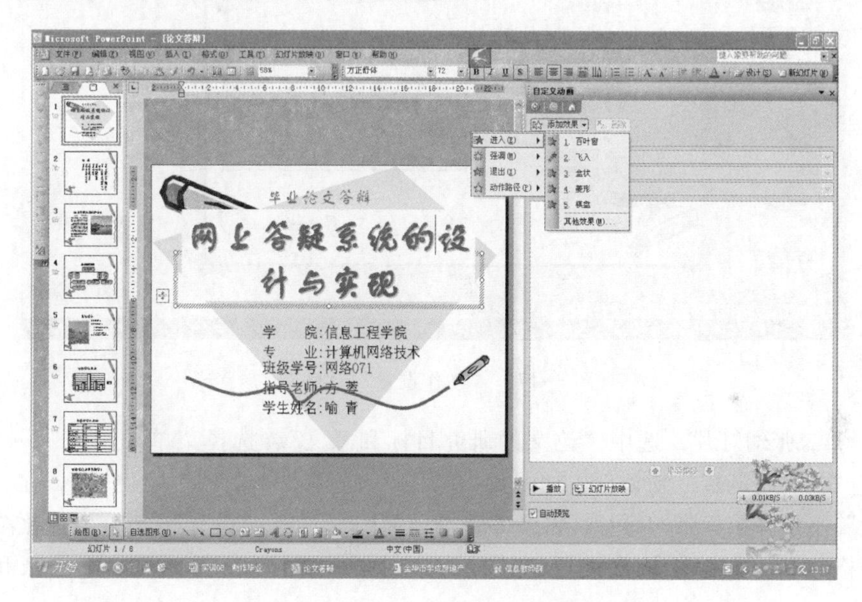

图 8-16　“自定义动画”任务窗格

任务 5　动作按钮与超链接的使用

【任务描述】

1. 分别对第三张幻灯片 ~ 第七张幻灯片添加“前进”或“后退”的动作按钮。
2. 设置第二张幻灯片“目录”各文本对象的超链接，分别链接到对应的幻灯片。

【操作步骤】

1. 选择第三张幻灯片，选择菜单“幻灯片放映”→“动作按钮”→“动作按钮：后退或前一项”命令，在幻灯片右下角拖动鼠标添加动作按钮，弹出“动作设置”对话框，如图 8-17所示。在“单击鼠标”选项卡中选择“超链接到”→“上一张幻灯片”，单击“确定”按钮，按同样的方法添加“前进或下一项”动作按钮。选中添加的两个动作按钮，分别复制到第四、五、六、七张幻灯片中。

图 8-17 “动作设置”对话框

2. 选择第二张幻灯片，选中“论文的研究目标和意义”，选择菜单“插入”→“超链接”命令，打开“插入超链接”对话框，如图 8-18 所示，选择“本文档中的位置”，在“请选择文档中的位置”下选择第三张幻灯片。将“系统功能简图”、“系统设计”、“分值量化图表”、“数据库设计表格”和“谢辞”依次设置超链接到第四张、第五张、第六张、第七张和第八张幻灯片。

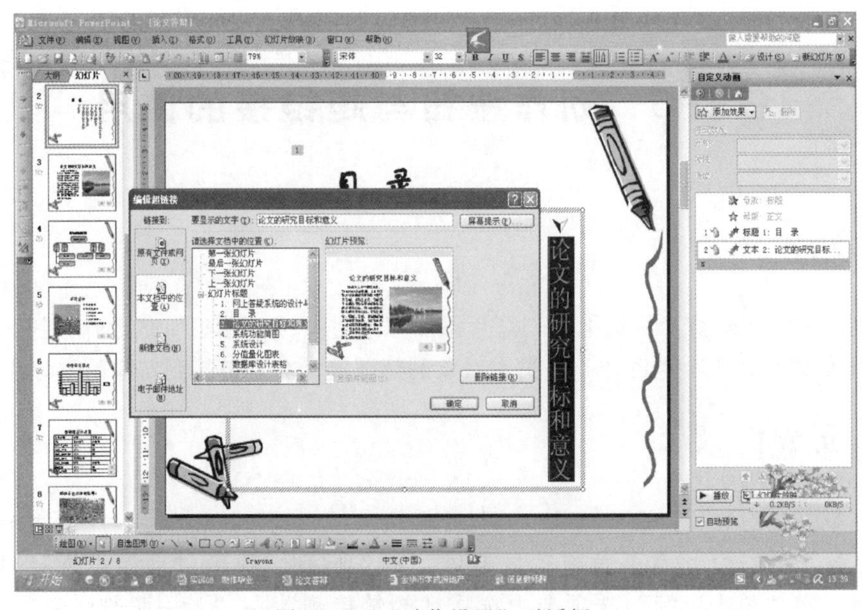

图 8-18 “动作设置”对话框

任务6 设置放映效果

【任务描述】

设置所有幻灯片的切换效果为“单击鼠标时”、“中速”、“平滑淡出”。

【操作步骤】

选择菜单“幻灯片放映”→“幻灯片切换”命令，在右侧会打开“幻灯片切换”窗格，如图 8-19 所示。将所有幻灯片的切换效果设置为“平滑淡出”，速度为“中速”，换片方式为“单击鼠标时”，单击“应用于所有幻灯片”按钮。放映演示文稿，观察幻灯片切换效果。

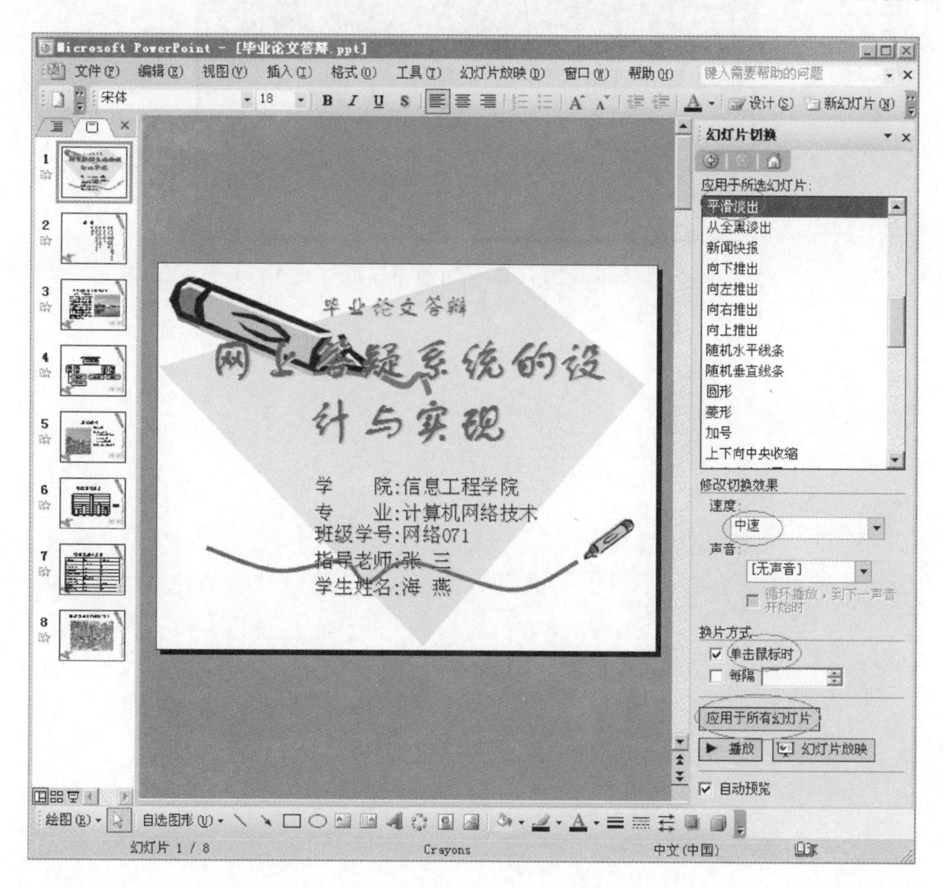

图 8-19 “幻灯片切换”任务窗格

任务7 幻灯片的打印

【任务描述】

设置幻灯片的高度和宽度分别为19厘米和25厘米。

【操作步骤】

选择菜单“文件”→“页面设置”命令，打开如图8-20所示的对话框，设置宽度为25厘米，高度为19厘米，单击“确定”按钮。制作好幻灯片后，选择菜单“文件”→“打印”命令即可将幻灯片打印出来。

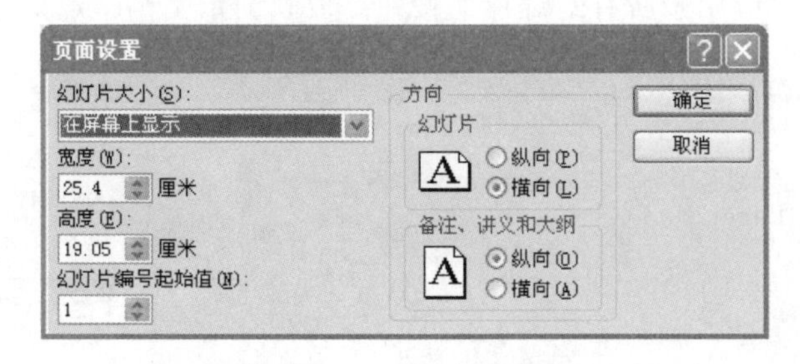

图8-20 页面设置对话框

实训 9

使用 FrontPage 制作班级通信空间网页（一）

【实训目的】

1. 掌握 FrontPage 2003 的启动与退出。
2. 熟练掌握 FrontPage 2003 的文本格式、段落格式、项目符号设置等操作。
3. 掌握表格操作。
4. 掌握图片操作。

【实训环境】

1. Windows XP 操作系统。
2. Microsoft Office FrontPage 2003。
3. 本书配套光盘中的“实训 09”目录。

任务 1　制作班级通信空间主页

【任务描述】

使用 FrontPage 2003 打开配套光盘“实训 09”中的 index. htm 文件，按下列要求进行操作，完成后的效果如图“实训 09\fp0901. jpg”所示，修改完成后保存。

1. 设置标题“班级主页”字体为华文行楷，字形为加粗，字号为 36 磅，字符间距为 3pt，水平居中，标题颜色设置为 Hex = {00,33,00}。

2. 右框中“要学会做人……自学能力”3 段文本采用首行缩进 40，行距为单倍行距，段前段后间距为 5，设置项目符号和编号为“无格式项目列表”方式。

3. 将网页底部“欢迎访问本页面”设置为滚动字幕，方向向左，延迟为 80。

【操作步骤】

1. 选择标题文字“班级主页”，单击格式工具栏中的“居中”按钮，选择“格式”菜单中的“字体”命令，在弹出的“字体”对话框的“字体”选项卡中，选择“华文行楷”、“加粗”、“36 磅”。选择“字符间距”选项卡，在“间距大小”文本框中输入“3pt”。

选择“字体”选项卡，选择颜色“其他颜色”，如图 9-1 所示，在“其他颜色”对话框的“值”文本框中输入“Hex = {00,33,00}”（或直接在该文本框中输入“003300”后按【Enter】键），如图 9-2 所示，单击“确定”按钮返回“字体”对话框，单击“应用”按钮并单击“确定”按钮完成设置。

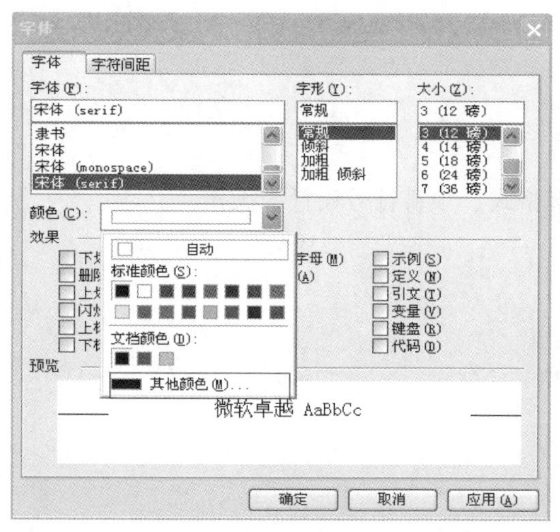

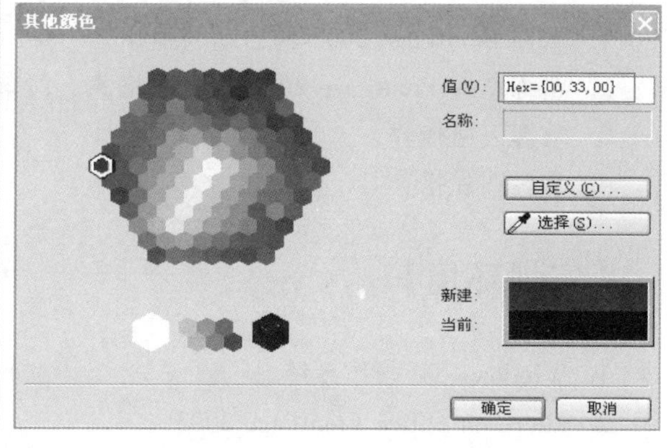

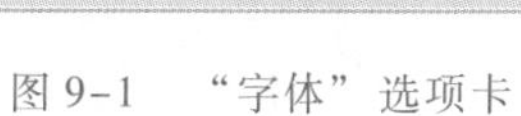
图 9-1 “字体”选项卡

图 9-2 文本颜色设置

2. 选择“要学会做人……自学能力”3 段文本，选择“格式”菜单中的“段落”命令。在弹出的“段落”对话框中的“首行缩进”文本框中输入 40，选择“单倍行距”，段前、段后文本框中分别输入 5，如图 9-3 所示，单击“确定”按钮完成设置。

选择“要学会做人……自学能力”3 段文本，选择“格式”菜单中的“项目符号和编号”命令，在弹出的“项目符号和编号方式”对话框中选择“无格式项目列表”选项卡，参照效果图选择实心圆点项，单击“确定”按钮完成设置。

3. 选择网页底部的文本“欢迎访问本页面”，选择菜单“插入”→“Web 组件”命令，在弹出的“插入 Web 组件”对话框中，选择“动态效果”中的“字幕”，如图 9-4 所示，单击“完成”按钮，在弹出的“字幕属性”对话框中设置方向为“左”，延迟为 80，如图 9-5 所示，单击“确定”按钮完成设置。

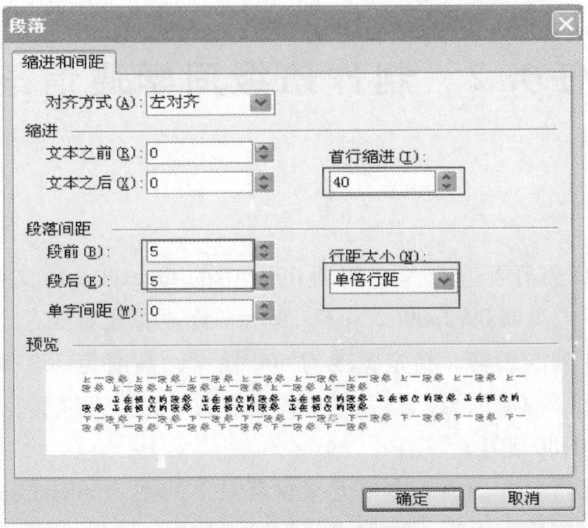

段落

缩进和间距

对齐方式(A)：左对齐

缩进

文本之前(R)：0

文本之后(X)：0

首行缩进(I)：40

段落间距

段前(B)：5

段后(E)：5

单字间距(W)：0

行距大小(N)：单倍行距

预览

确定　取消

图 9-3　段落格式设置

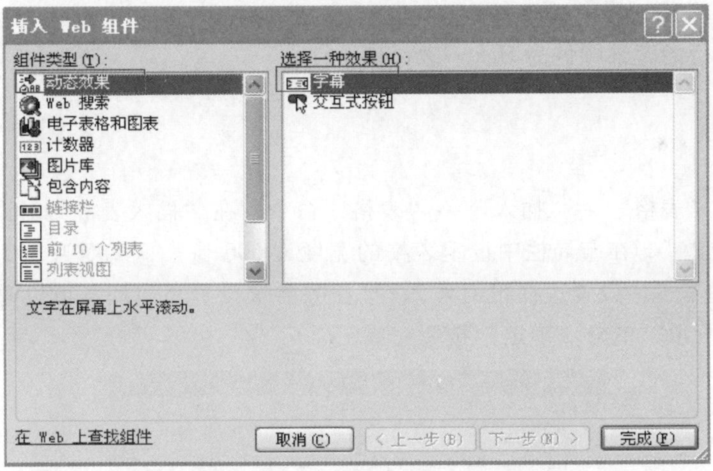

插入 Web 组件

组件类型(T)：

动态效果

Web 搜索

电子表格和图表

计数器

图片库

包含内容

链接栏

目录

前 10 个列表

列表视图

选择一种效果(H)：

字幕

交互式按钮

文字在屏幕上水平滚动。

在 Web 上查找组件

取消(C)　< 上一步(B)　下一步(N) >　完成(F)

图 9-4　插入 Web 组件

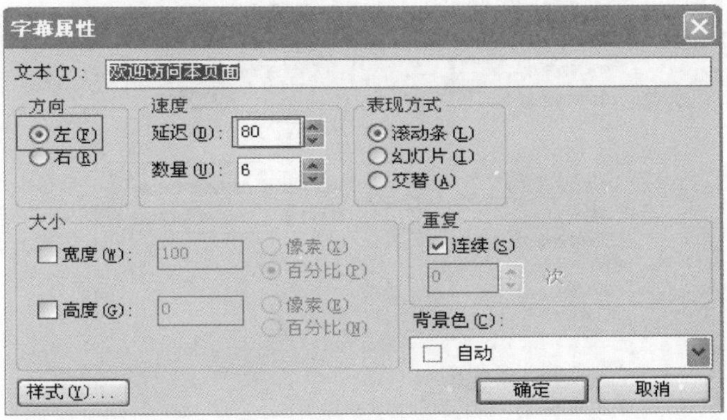

字幕属性

文本(T)：欢迎访问本页面

方向

左(F)

右(R)

速度

延迟(D)：80

数量(U)：6

表现方式

滚动条(L)

幻灯片(I)

交替(A)

大小

宽度(W)：100　像素(X)　百分比(P)

高度(G)：0　像素(E)　百分比(N)

重复

连续(S)

0　次

背景色(C)：

自动

样式(Y)...

确定　取消

图 9-5　字幕属性设置

任务2 制作班级同学通信录

【任务描述】

使用 FrontPage 2003 打开配套光盘“实训 09”中的 tongxgl. htm 文件，按下列要求进行操作，完成后的效果如图“实训 09\fp0902. jpg”所示，修改完成后保存。

1. 插入一个 7 行 4 列的表格，指定宽度为 600 像素，高度为 300 像素，对齐方式为居中，背景颜色为 Hex = {CC,CC,CC}，设置表格边框粗细为 2，亮边框颜色为 Hex = {00,80,00}，暗边框颜色为 Hex = {80,80,80}。

2. 将第一列的单元格合并，插入本单元素材目录下的图片 tongxl. jpg。

3. 先在倒数第 2 行前插入 1 行，再将该行删除。

4. 表格标题为宋体，字形为加粗，大小为 24 磅，字符间距为 3pt，居中。表格中文字体为宋体，大小为 12 磅，居中。

5. 设置标题行的背景颜色为 Hex = {99,33,66}。

【操作步骤】

1. 选择菜单“表格”→“插入”→“表格”命令，在“插入表格”对话框中，设置行数为“7”，列数为“4”，在布局栏中设定表格的宽度为 600 像素，高度为 300 像素，对齐方式为“居中”，在边框栏中设置边框粗细为 2，按任务要求设置亮边框、暗边框颜色及表格背景颜色，如图 9-6 所示，单击“确定”按钮完成。

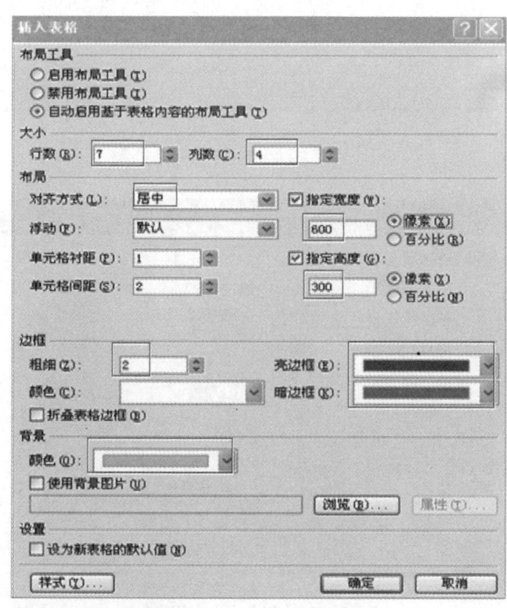

图 9-6 插入表格对话框

2. 选中第1列，右击鼠标，选择“合并单元格”命令。选择菜单“插入”→“图片”→“来自文件”命令，选中“素材\tongxl. jpg”，单击“插入”按钮。参照效果图在相应的单元格中输入文字。

3. 将光标置于倒数第3行，选择“表格”菜单中“插入”下的“行或列”命令。弹出“插入行或列”对话框，设置如图9-7所示，单击“确定”按钮，选中新插入的空行，鼠标右击，选择“删除行”命令。

4. 选择菜单“表格”→“插入”→“标题”命令，即可将插入点定位于表格上方，输入表格标题“班级通信录”。选中标题文字“班级通信录”，选择“格式”菜单中的“字体”命令，在“字体”对话框中设置字体为“宋体”，字形为“加粗”，大小为“24磅”，字符间距为“3pt”，单击“确定”按钮完成设置，单击“格式”工具栏中的“居中”按钮。

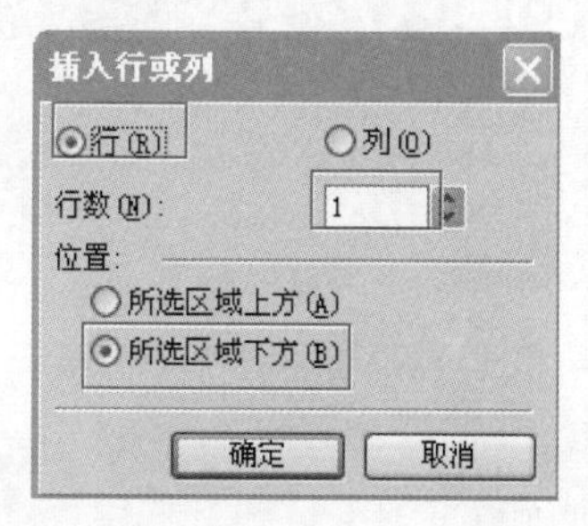

图9-7　插入行操作

选择整个表格，选择“格式”菜单中的“字体”命令，在“字体”对话框中设置字体为“宋体”，大小为“12磅”，单击“格式”工具栏中的“居中”按钮。

5. 选中标题行，右击鼠标，选择“单元格属性”命令。在弹出的“单元格属性”对话框中，按任务要求设置背景颜色。

任务3　班级相册管理

【任务描述】

使用FrontPage 2003打开配套光盘“实训09”中的tucgl. htm文件，按下列要求进行操作，完成后的效果如图“实训09\fp0903. jpg”所示，修改完成后保存。

1. 在第一列插入图片“素材\xiaoyfg. jpg”，设置显示文字为“校园风光”。

2. 在第二列插入图片“素材\wenyhd. jpg”，设置显示文字为“文艺活动”。在第三列插入图片“素材\tiyhd. jpg”，设置显示文字为“体育活动”。

3. 设置所有图片的对齐方式为相对垂直居中，宽度为200像素，高度为140像素。

4. 在顶部文字的下方插入水平线，颜色为Hex = {00,80,00}，水平居中且水平线的宽度设置为80%。

【操作步骤】

1. 将光标置于第一列，选择菜单“插入”→“图片”→“来自文件”命令，选中文件“素材\xiaoyfg. jpg”，单击“插入”按钮。在该图片单击鼠标右键，选择“图片属性”，在弹出的“图片属性”对话框中选择“常规”选项卡，在“可选外观”文本框输入“校园风光”，如图 9-8 所示，单击“确定”按钮。

2. 参照第1题操作步骤依次插入“文艺活动”、“体育活动”相应的图片。

3. 右键单击在第一列中的图片，选择“图片属性”，选择“外观”选项卡，设置对齐方式为“相对垂直居中”，取消选中“保持纵横比”，设置宽度为“200 像素”，高度为“140 像素”，如图 9-9 所示，单击“确定”按钮。按相同方法设置其他两张图片的格式。

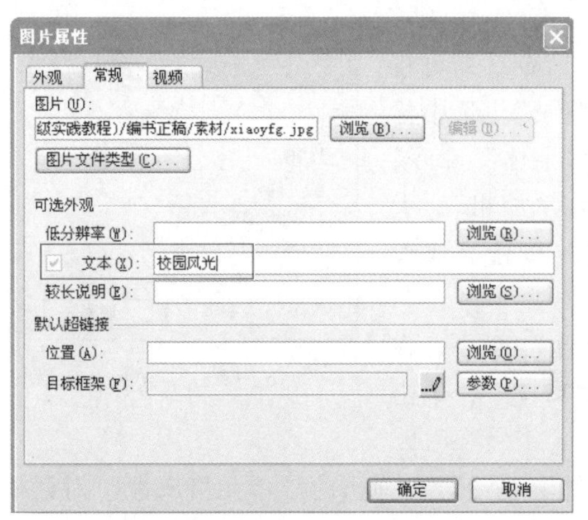

图 9-8　图片显示文字设置

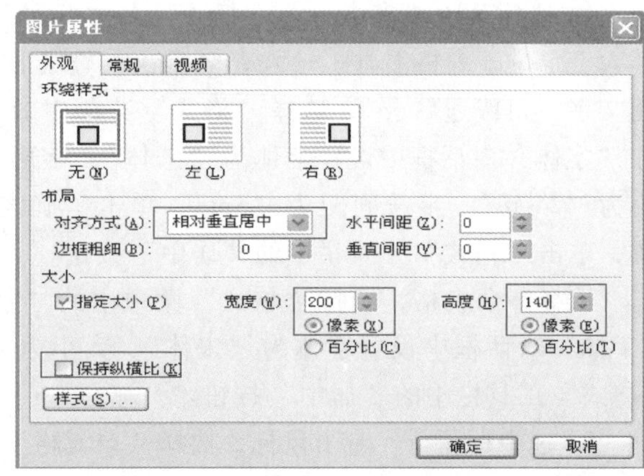

图 9-9　图片属性设置

4. 光标定位于顶部文字的右边，选择菜单“插入”→“水平线”命令。双击插入的水平线，在弹出的“水平线属性”对话框中设置宽度为 80，在右边选中“窗口宽度百分比”单选按钮，对齐方式选择“居中”，如图 9-10 所示。单击颜色处的下拉按钮，选择“其他颜色”，在“其他颜色”对话框的“值”中输入“Hex = {00,80,00}”，单击“确定”按钮返回“水平线属性”对话框，单击“确定”按钮完成设置。

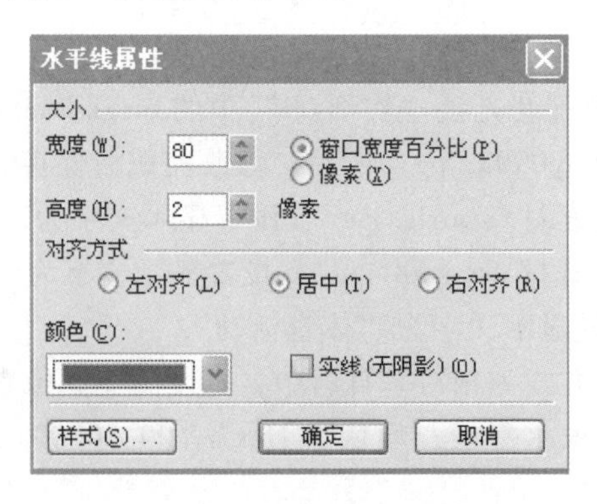

图 9-10　水平线属性设置

实训 10

使用 FrontPage 制作班级通信空间网页（二）

【实训目的】

1. 熟悉掌握超链接操作。
2. 熟练掌握表单操作。
3. 熟练掌握框架操作。

【实训环境】

1. Windows XP 操作系统。
2. Microsoft Office FrontPage 2003。
3. 本书配套光盘中的“实训 09”、“实训 10”素材。

任务 1　制作主页中的文字导航

【任务描述】

使用 FrontPage2003 打开配套光盘“实训 09”中的 index. htm 文件，按下列要求进行操作。

1. 将页面下方的文本“班级介绍”超链接到 http://class. chinaren. com，并将超链接颜色设置为 Hex = {FF,FF,BB}，访问过的超链接颜色为 Hex = {80,00,70}，选中超链接颜色为 hex = {33,CC,44}。

2. 将页面下方的文本“班级图册”超链接到 tucgl. htm 文件（该文件位于光盘“实训 09”

目录下）。

3. 将页面下方的文本“站长联系信箱”链接到电子邮箱 master@ xyfwq. com。

【操作步骤】

1. 选择页面下方的文本“班级介绍”，单击鼠标右键，选择“超链接”，弹出“插入超链接”对话框，在地址文本框中输入网址“http://class. chinaren. com”，单击“确定”按钮。在网页上右击鼠标，选择“网页属性”，在网页属性对话框中选择“格式”选项卡，如图 10-1 所示，在颜色栏相应位置设置 3 种颜色。

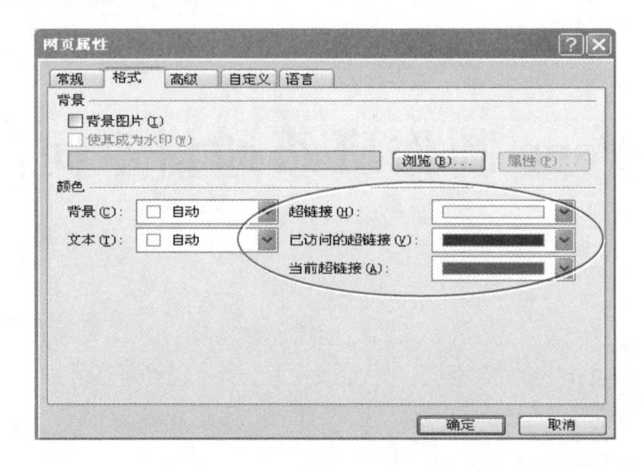

图 10-1 设置 3 种超链接颜色

2. 选择页面下方的文本“班级图册”，右击鼠标，选择“超链接”，弹出“插入超链接”对话框，如图 10-2 所示，单击“浏览文件”按钮，选中“实践 09”目录下的 tucgl. htm 文件，单击“确定”按钮返回“插入超链接”对话框，单击“确定”按钮完成设置。

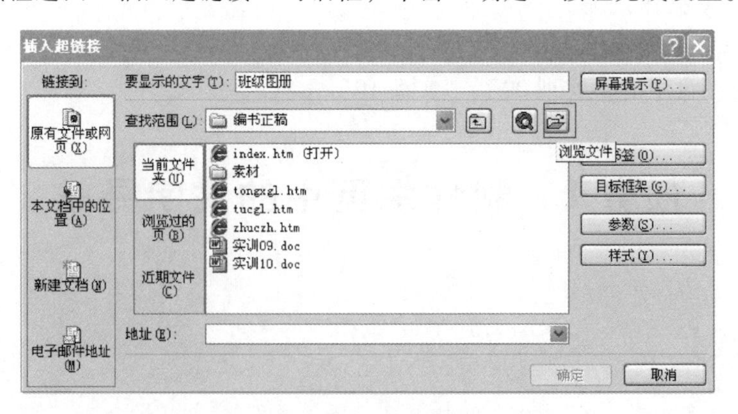

图 10-2 设置超链接到某个文件

3. 选择页面下方的文本“站长联系信箱”，右击鼠标，选择“超链接”，弹出“插入超链接”对话框，单击“电子邮件地址”，在电子邮件地址栏中输入邮件地址“master@ xyfwq. com”，如图 10-3 所示，单击“确定”按钮。

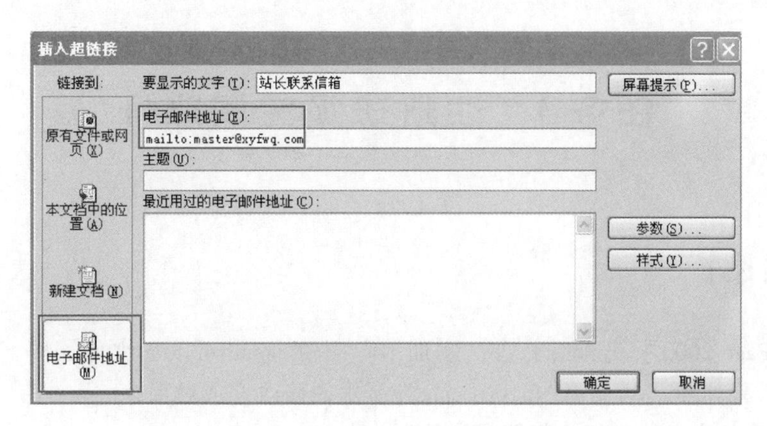

图 10-3　设置超链接到电子邮件地址

任务 2　制作主页中的图片导航

【任务描述】

使用 FrontPage 2003 打开配套光盘“实训 09”中的 index. htm 文件，按下列要求进行操作。

在页面左侧的导航图片 tupdh. gif 进行热区设置：在“班级图册”位置设置圆形热区，与 tucgl. htm 文件链接，在“通信录”位置设置矩形热区，链接到文件 tongxgl. htm。在“班级荣誉”位置设置多边形热区，链接到网址“http：//www. jhc. cn/glory/list. asp”（其中 tucgl. htm 文件和 tongxgl. htm 文件位于光盘“实训 09”目录下）。

【操作步骤】

单击图片 tupdh. gif，单击图片工具栏上的圆形热点按钮，如图 10-4 所示，在班级图册部分按住鼠标左键拖动画出圆形热区，释放鼠标左键弹出“插入超链接”对话框，设置链接到文件 tucgl. htm。单击图片工具栏上的矩形热点按钮，在通信录部分按住鼠标左键拖动画出矩形热区，释放鼠标左键弹出“插入超链接”对话框，设置链接到文件 tongxgl. htm。单击图片工具栏上的多边形热点按钮，在班级荣誉部分拖动鼠标左键画出多边形热区，释放鼠标左键弹出“插入超链接”对话框，设置链接到“http：//www. jhc. cn/glory/list. asp”。

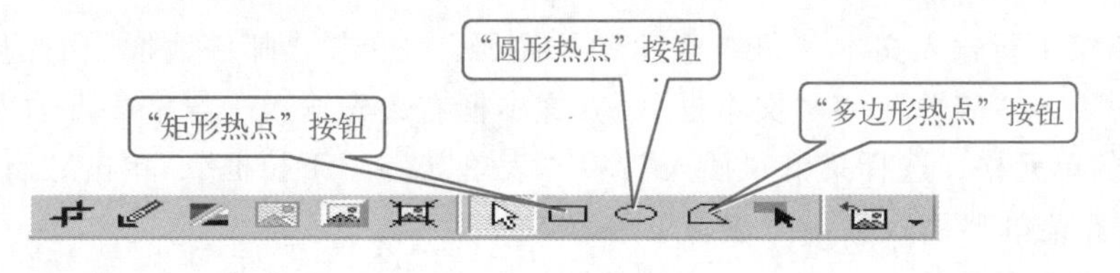

图 10-4　图形热区按钮

任务3 注册班级空间账号

【任务描述】

使用 FrontPage 2003 打开配套光盘“实训10”中的 zhucym. htm 文件，按下列要求进行操作，完成后的效果如图“实训10\fp1001. jpg”所示，修改完成后保存。

1. 设置表单名称为“班级空间账号注册”。

2. 参照效果图 fp1001. jpg，页面中有空缺的表单对象未完成输入，请插入空缺的表单对象，各对象的初始值见效果图。

3. 设置表单对象属性1：

① 设置表格第1行文本“班级空间账号注册”，字号为7。

② 将“邮件地址”处的文本框命名为“emailaddress”，Tab 键次序为5。

4. 设置表单对象属性2：

① 将“性别”下拉列表框命名为“sex”，并将其高度设置为1。

为 sex 添加以下选项：

选项　　值

保密　　No

男士　　M

女士　　F

② 将“自我简介”处的文本区命名为“resume”，宽度为60，行数为5。

③ 将提交按钮命名为“submit”，类型为提交，全部重写按钮命名为“reset”，类型为重置，标签值为“重置”，两个按钮居中显示。

【操作步骤】

1. 在表单内单击鼠标右键，选择“表单属性”。在表单名称文本框输入“班级空间账号注册”，如图10-5所示，单击“确定”按钮，若弹出“现在要编辑这些设置吗?”的提示对话框，可单击“否”按钮。

2. 在表格第1行输入文本“班级空间账号注册”。单击“邮件地址”右边的单元格，选择菜单“插入”→“表单”→“文本框”，在文本框右边先输入一空格，再输入“*”。单击“性别”右边的单元格，选择菜单“插入”→“表单”→“下拉框”，单击“自我简介”右边的单元格，选择菜单“插入”→“表单”→“文本区”。

3. 设置表单对象属性1。

① 选中第一行文本“班级空间账号注册”，在格式工具栏中设置字号为7（36pt）。

② 在“邮件地址”文本框处单击鼠标右键，选择“表单域属性”，或双击该表单对象，弹出表单对象属性设置对话框。名称输入“emailaddress”，Tab键顺序处输入“5”，如图10-6所示，单击“确定”按钮。

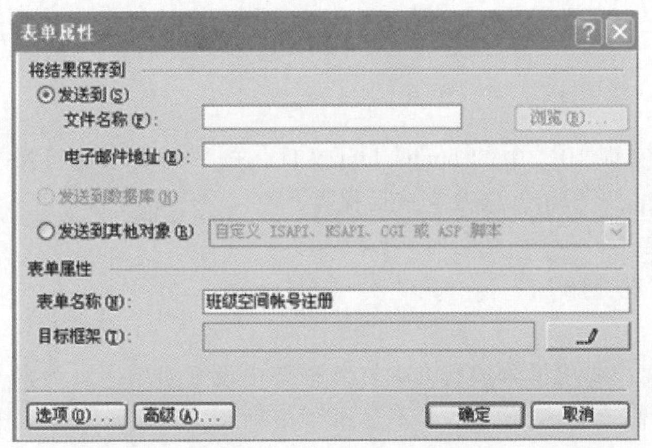

图10-5 表单名称设置

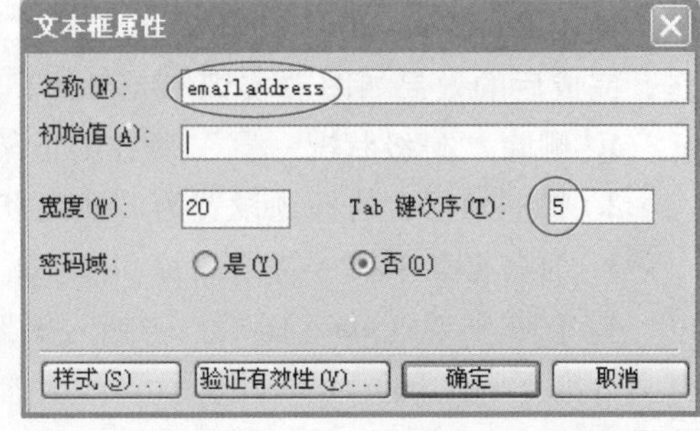

图10-6 文本框属性设置

4. 设置表单对象属性2。

① 在“性别”下拉列表框处单击鼠标右键，选择“表单域属性”。名称输入“sex”，高度输入“1”。单击“添加”按钮，在“添加选项”对话框中选项处输入“保密”，选中指定值复选框并输入“No”，该选项初始状态应为“选中”，如图10-7所示。单击“确定”按钮返回对话框，单击“添加”按钮，依次添加第2、3个选项（初始状态为“未选中”），最后单击“确定”按钮完成设置。

② 在“自我简介”文本区处单击鼠标右键，选择“表单域属性”，名称输入“resume”，宽度输入“60”，行数输入“5”，单击“确定”按钮。

5. 在表单左下角“提交”按钮上单击鼠标右键选择“表单域属性”，名称输入“submit”，按钮类型选择“提交”，如图10-8所示，单击“确定”按钮。在“全部重写”按钮上单击鼠标右键选择“表单域属性”，名称输入“reset”，值/标签输入“重置”，按钮类型选择“重置”，单击“确定”按钮。选择两个按钮中的其中一个按钮或将光标定位于该行，在格式工具栏单击“居中”按钮。

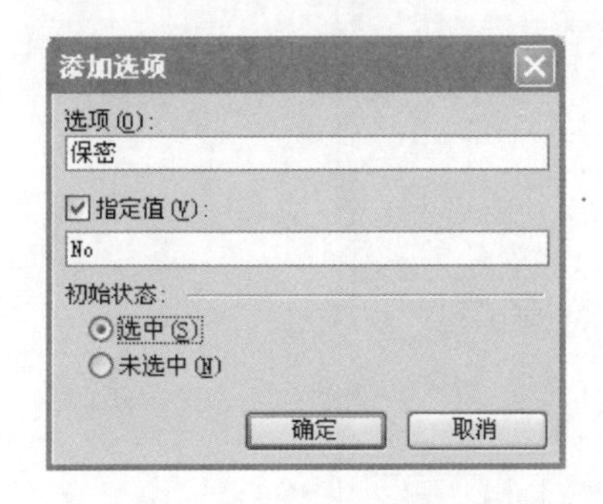

图10-7 添加下拉框选项

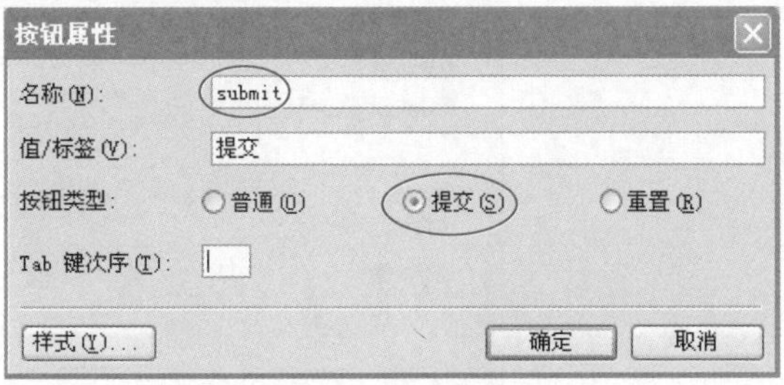

图10-8 按钮属性设置

任务 4　浏览班级空间信息

【任务描述】

使用 FrontPage 2003 打开配套光盘“实训 10”中的 banjjs. htm 文件，按下列要求进行操作，完成后的效果如图“实训 10\fp1002. jpg”所示，修改完成后保存。

1. 删除“班级状况一览”所在的框架。

2. 将框架网页的标题设置为“班级状况介绍”。

3. 为右框架中插入背景图片 beij. jpg。

4. 在右框架（main 框架）中插入框架，要求拆分成行。并在新框架中设置初始网页为素材文件夹下的“bottom. htm”，设置框架的高度为 80 像素，“不显示”滚动条，并将该框架名称设为“bottom”。

5. 为左框架中的“专业介绍”、“班级介绍”分别建立超链接，链接网页分别为素材文件夹下的“zhuanyjs. htm”、“banjzk. htm”，目标框架均为右框架（main 框架）。为文字“母校介绍”建立超链接，链接地址为“http：//www. jhc. cn”，并在新窗口中打开。

【操作步骤】

1. 将光标定位于文字“班级状况一览”所在的框架，选择“框架”菜单中的“删除框架”命令。

2. 在网页空白位置单击鼠标右键，选择“框架属性”命令，在弹出的“框架属性”对话框中选择“框架网页”按钮，弹出“网页属性”对话框，在“标题”文本框中输入“班级状况介绍”，如图 10-9 所示，连续单击“确定”按钮完成设置。

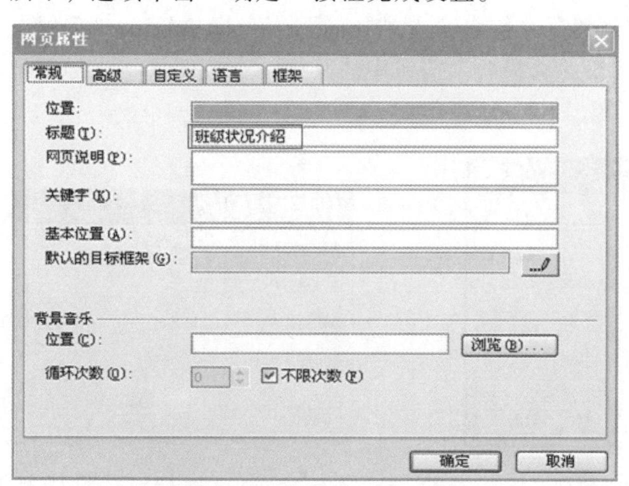

图 10-9　框架网页的标题设置

3. 在右框架中单击鼠标右键，选择“网页属性”命令，在弹出的“网页属性”对话框中选择格式选项卡，设置背景图片为“beij. jpg”，如图 10-10 所示，单击“确定”按钮。

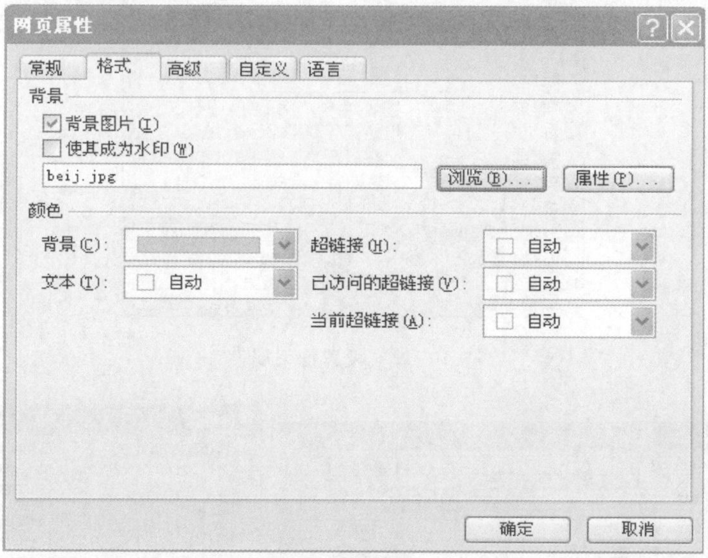

图 10-10 框架背景图片设置

4. 将光标定位于右框架，选择“框架”菜单中的“拆分框架”命令，弹出“拆分框架”对话框，选中“拆分成行”单选按钮，单击“确定”按钮。在新框架中单击“设置初始网页(I)”按钮，如图 10-11 所示，弹出“插入超链接”对话框，超链接到素材文件夹下的“bot-tom. htm”网页即可。

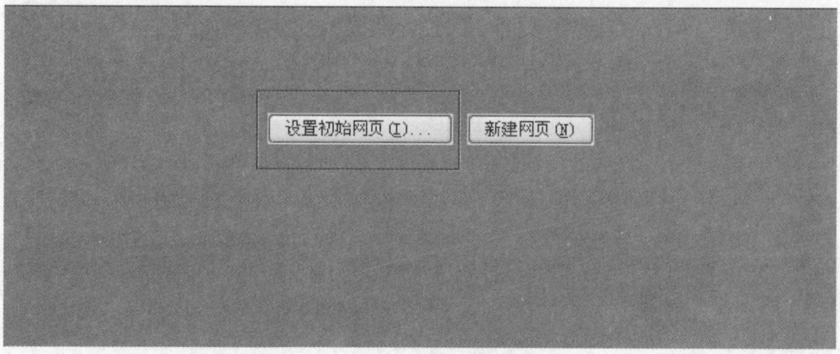

图 10-11 新插入框架

在右下方框架中单击鼠标右键，选择“框架属性”命令，在弹出的“框架属性”对话框中，设置各属性值如图 10-12 所示，单击“确定”按钮。

5. 选中左框架中的“专业介绍”文本，单击鼠标右键，选择“超链接”命令，弹出“插入超链接”对话框，先设置链接网页为素材文件夹下的“zhuanyjs. htm”，再选择“目标框架”按钮，弹出“目标框架”对话框，在公用的目标区中选择“网页默认值(main)”，如图 10-13 图 10-14 所示，连续单击“确定”按钮完成设置。

图 10-12 设置框架属性

图 10-13 设置超链接

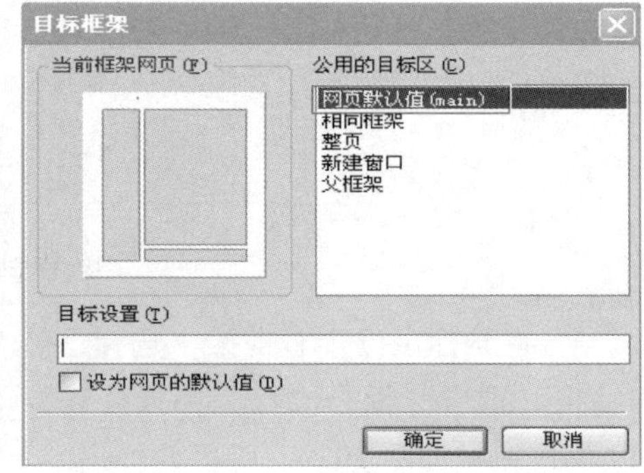

图 10-14 设置超链接目标框架

按照上述步骤完成“班级介绍”文本超链接设置。

选中左框架中的“母校介绍”文本，单击鼠标右键，选择“超链接”命令，弹出“插入超链接”对话框，在地址文本框中输入“http：//www.jhc.cn”，选择“目标框架”按钮，弹出“目标框架”对话框，在公用的目标区中选择“新建窗口”，如图 10-15、图 10-16 所示，连续单击“确定”按钮完成设置。

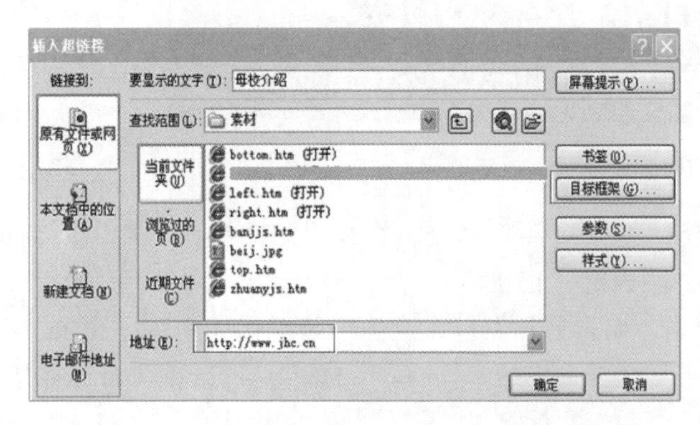

图 10-15 设置超链接

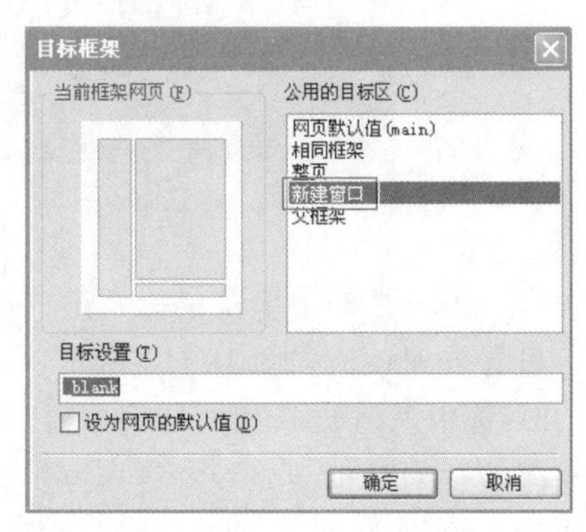

图 10-16 设置超链接目标框架

实训 11

使用 Access 创建学生管理数据库和相关表

【实训目的】

1. 了解 Access 数据库的组成，熟练掌握 Access 数据库的创建方法。
2. 掌握表的概念，熟练掌握数据表的创建方法。
3. 熟练掌握表结构的设计与修改操作。
4. 掌握记录的添加、修改、删除、排序、筛选等操作。
5. 掌握建立表间关系的操作方法。

【实训环境】

1. Windows XP 操作系统。
2. Microsoft Office Access 2003。
3. 本书配套光盘中的“实训 11”素材。

任务 1　创建学生管理数据库和学生档案表

【任务描述】

1. 启动 Access 2003，创建一个名为“学生管理.mdb”的数据库，保存至桌面。
2. 在“学生管理”数据库中，创建“学生档案”表，字段信息如下（不创建主键）：
名称：学号；类型：文本；大小 10；[必填，非空]

名称：姓名；类型：文本；大小 10；[必填]

名称：性别；类型：文本；大小 2；

名称：政治面貌；类型：文本；大小：8；

名称：民族；类型：文本；大小：20；

名称：籍贯；类型：文本；大小：20；

名称：出生日期；类型：日期/时间；[短日期格式]

名称：身高（cm）；类型：数字；大小：长整型；有效性规则：大于等于 0；

名称：体重（kg）；类型：数字；大小：单精度型；

名称：婚否；类型：是/否

名称：专业；类型：文本；大小：20

3. 在“学生档案”表中，添加如图 11-1 所示的记录。

学号	姓名	性别	政治面貌	民族	籍贯	出生日期	身高(cm)	体重(kg)	婚否	专业
2005221054	王苍松	男		汉	桂林	1982-6-6	173	62	☐	旅游管理
2005221059	朴长春	男	党员	朝鲜	舒兰	1975-12-9	182	80	☑	旅游管理
2005221151	赵青	女	团员	汉	桂林	1981-1-8	162	50	☐	电子商务
2005221155	秦琳娜	女	团员	维吾尔	吐鲁番	1984-12-4	162	57.5	☐	电子商务
2005221157	甘虹莉	女		壮	北海	1984-12-3	160	52	☐	电子商务
2005224131	司徒海鸥	男	团员	汉	哈尔滨	1984-2-3	178	78.5	☐	旅行社服务
2005224134	赵倩倩	女		汉	柳州	1971-1-1	158	48	☑	旅行社服务
2005224253	白雪	女	党员	汉	桂林	1983-6-12	159	58.5	☐	导游
2005224256	何汀光	男		汉	桂林	1984-12-9	170	68	☐	导游
2005224258	欧傅利	男	团员	汉	南宁	1970-4-16	168	56	☑	导游

图 11-1　“学生档案”表记录

【操作步骤】

1. Windows XP 桌面左下角有一“开始按钮” 开始，单击“开始”→“程序”→“Microsoft Office”→“Microsoft Office Access 2003”菜单项，启动 Access 2003，启动后的窗口如图 11-2 所示。

单击“开始工作”窗格中的“新建文件”选项，或选择菜单“文件”→“新建”命令，打开“新建文件”窗格，如图 11-3 所示。在该窗格选择“空数据库”，打开“文件新建数据库”对话框，在“保存位置”处选择“桌面”，在“文件名”文本框中输入“学生管理”，最后单击“创建”按钮，如图 11-4 所示。

2. 在创建的“学生管理”数据库（见图 11-5）中，“对象”栏选择“表”，双击“使用设计器创建表”，打开如图 11-6 所示的表设计视图。按任务要求填入各个字段的字段名称，选择相应的数据类型，并设置字段属性（设置有效性规则“大于等于 0”时应输入“ >=0”），结果如图 11-7 所示。单击常用工具栏中的“保存按钮”，或选择菜单“文件”→“保存”命令，打开如图 11-8 所示的“另存为”对话框，在“表名称”处输入“学生档案”，最后单击“确定”按钮。在弹出的如图 11-9 所示的“尚未定义主键”消息框中，单击“否”按钮，关闭表设计器窗口。

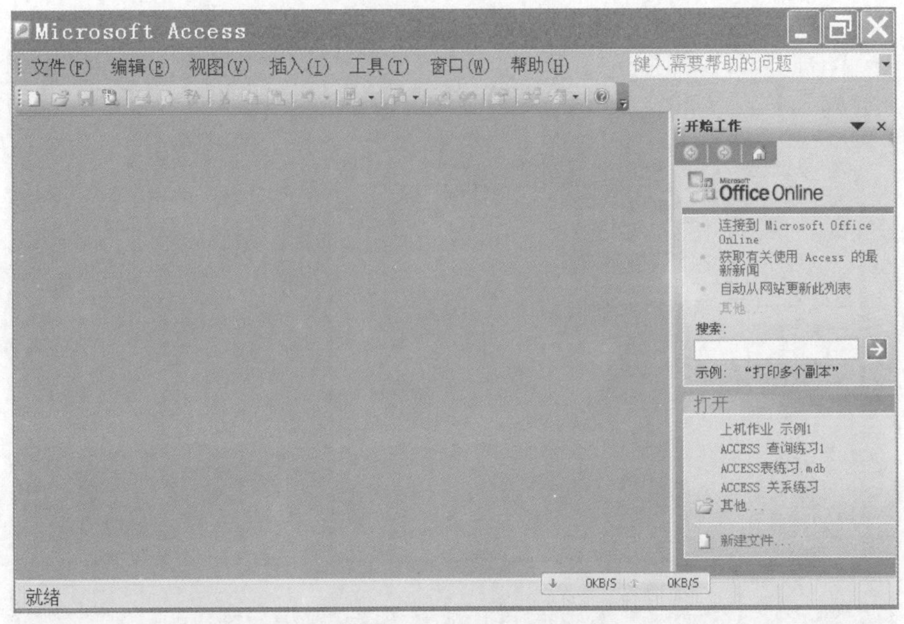

图 11-2　Access 启动后的窗口

图 11-3　Access 新建文件窗格

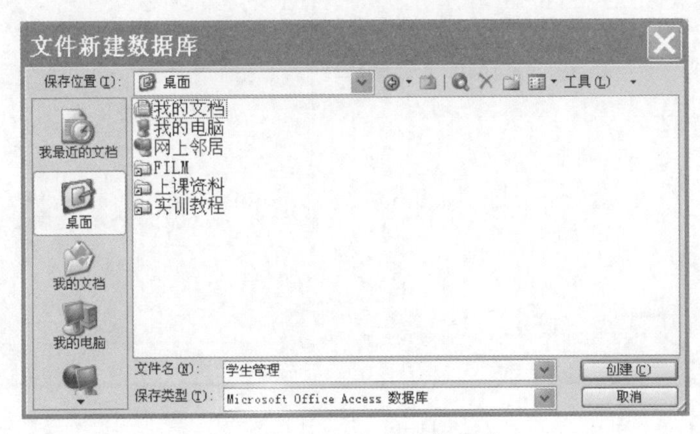

图 11-4　Access 创建数据库

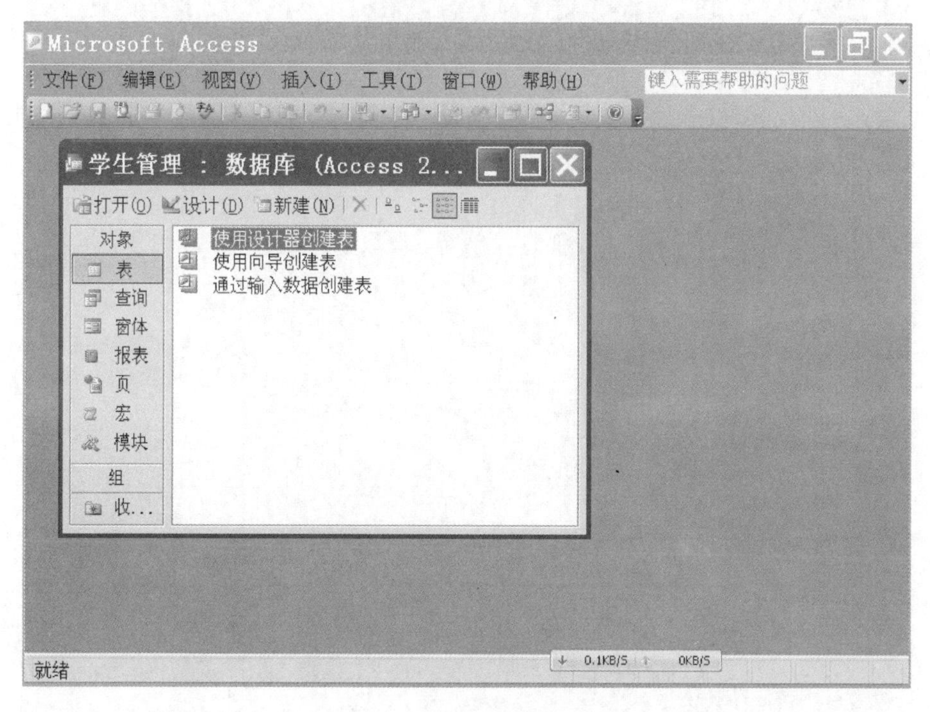

图 11-5 数据库窗口

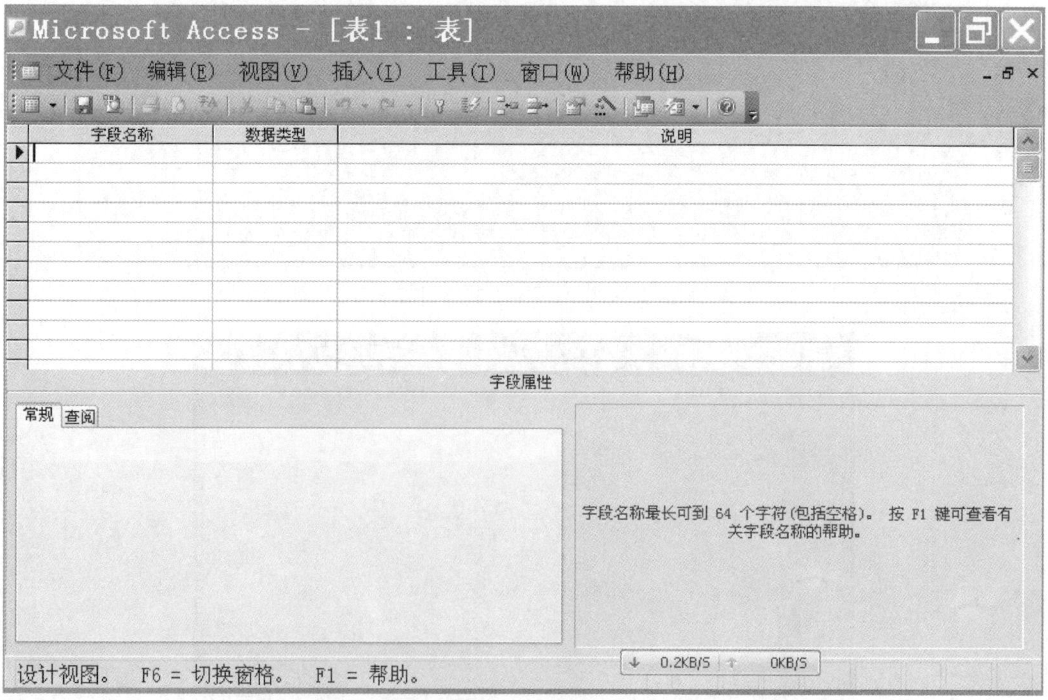

图 11-6 表设计视图

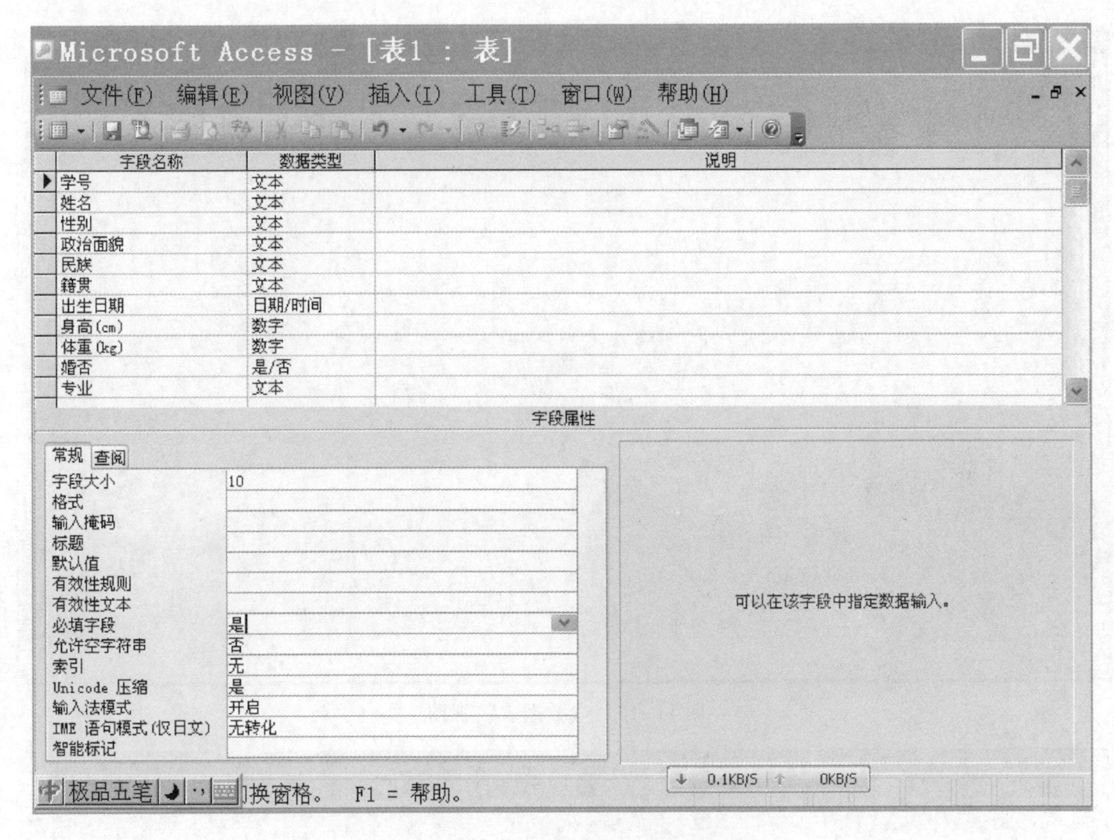

图 11-7　“学生档案”表的设计

图 11-8　表的保存

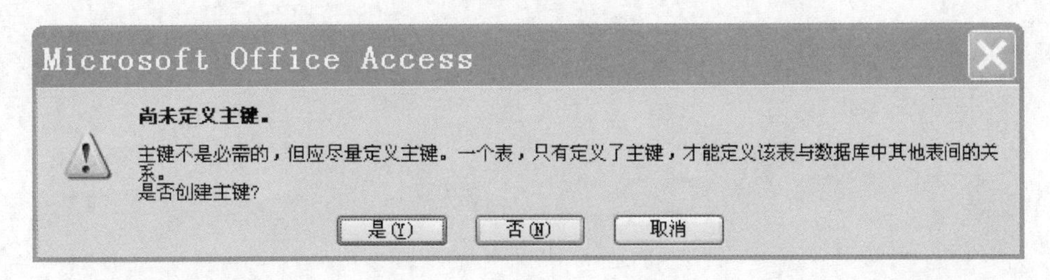

图 11-9　尚未定义主键消息框

3. 在“学生管理”数据库中，双击“表”对象中的“学生档案”表，打开该表的“数据表”视图，如图 11-10 所示。按任务要求添加记录，完成后的结果如图 11-11 所示。

图 11-10 “数据表”视图

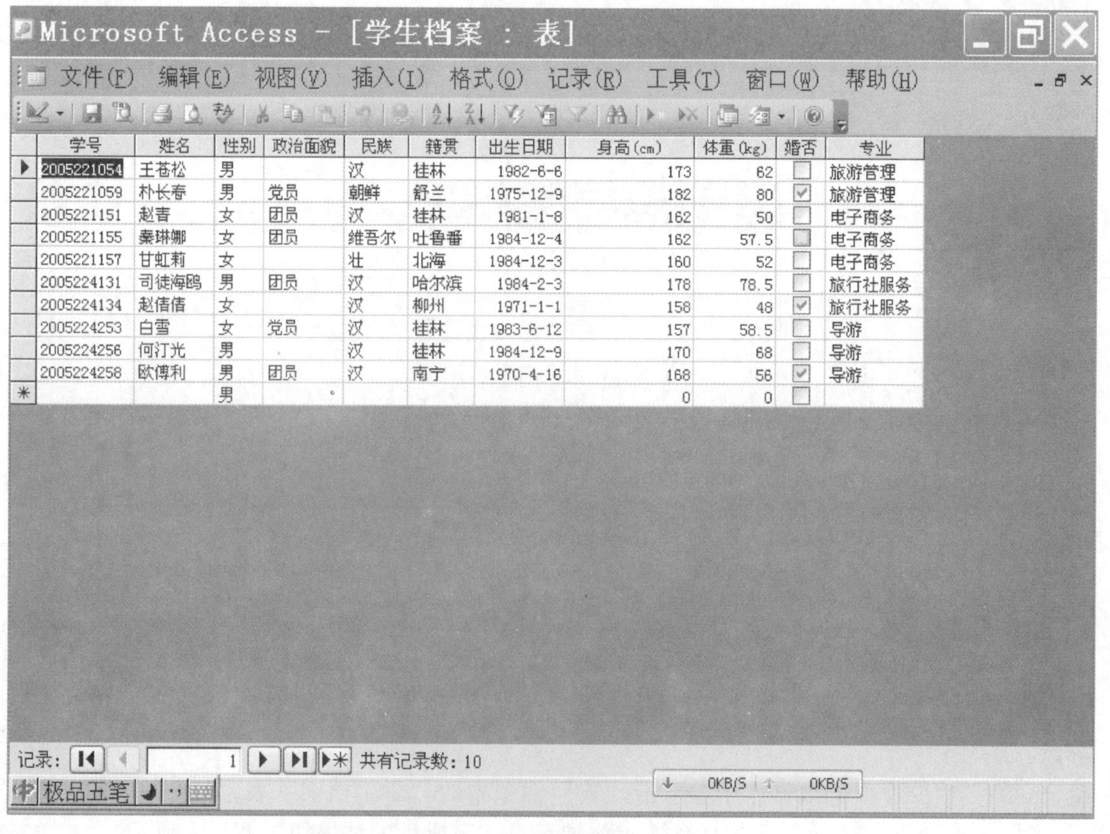

学号	姓名	性别	政治面貌	民族	籍贯	出生日期	身高(cm)	体重(kg)	婚否	专业
2005221054	王苍松	男		汉	桂林	1982-6-6	173	62	☐	旅游管理
2005221059	朴长春	男	党员	朝鲜	舒兰	1975-12-9	182	80	☑	旅游管理
2005221151	赵青	女	团员	汉	桂林	1981-1-8	162	50	☐	电子商务
2005221155	秦琳娜	女	团员	维吾尔	吐鲁番	1984-12-4	162	57.5	☐	电子商务
2005221157	甘虹莉	女		壮	北海	1984-12-3	160	52	☐	电子商务
2005224131	司徒海鸥	男	团员	汉	哈尔滨	1984-2-3	178	78.5	☐	旅行社服务
2005224134	赵倩倩	女		汉	柳州	1971-1-1	158	48	☑	旅行社服务
2005224253	白雪	女	党员	汉	桂林	1983-6-12	157	58.5	☐	导游
2005224256	何订光	男		汉	桂林	1984-12-9	170	68	☐	导游
2005224258	欧傅利	男	团员	汉	南宁	1970-4-16	168	56	☑	导游
		男					0	0	☐	

图 11-11 “学生档案”表

任务 2　创建学生成绩表

【任务描述】

1. 将任务 1 完成的“学生档案”表另存为“学生成绩”表。

2. 在设计视图中修改“学生成绩”表的结构：保留学号字段，删除其他字段，增加如下字段，字段信息为：

名称：英语精读；类型：数字；大小：单精度型；

名称：导游基础；类型：数字；大小：单精度型；

名称：计算机基础；类型：数字；大小：单精度型；

3. 在“学生成绩”表中，添加如表 11－1 所示的数据，并删除学号为“2005224258”的行。

表 11－1　“学生成绩”表数据

学　　号	英语精读	导游基础	计算机基础
2005221054	90	94	92
2005221059	65	77	71
2005221151	54	75	68
2005221155	65	88	75
2005221157	66	78	75
2005224131	88	85	82
2005224134	76	86	90
2005224253	89	86	90
2005224256	67	46	53

【操作步骤】

1. 在“学生管理”数据库中，“对象”栏选择“表”，右键单击“学生档案”表，选择“另存为”命令，打开“另存为”对话框，输入表名称“学生成绩”，如图 11－12 所示，单击“确定”按钮。

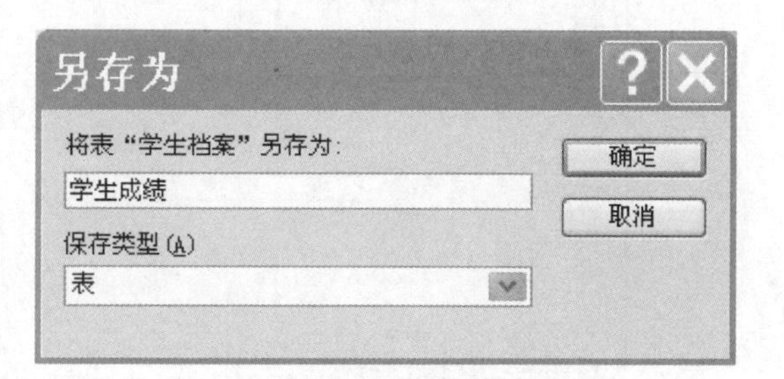

图 11－12　表的另存

2. 在“学生管理”数据库中，右键单击“学生成绩”表，选择“设计视图”，在“学生成绩”表的设计视图中，选中除“学号”

外的所有行，在被选择处单击鼠标右键，选择“删除行”命令，如图 11-13 所示。当弹出“是否永久删除选中的字段及其所有数据？”提示信息框时，单击“是”按钮。

在“学生成绩”表的设计视图中，按任务要求添加英语精读、导游基础、计算机基础 3 个字段并设置类型和大小，如图 11-14 所示，单击工具栏上的“保存”按钮。

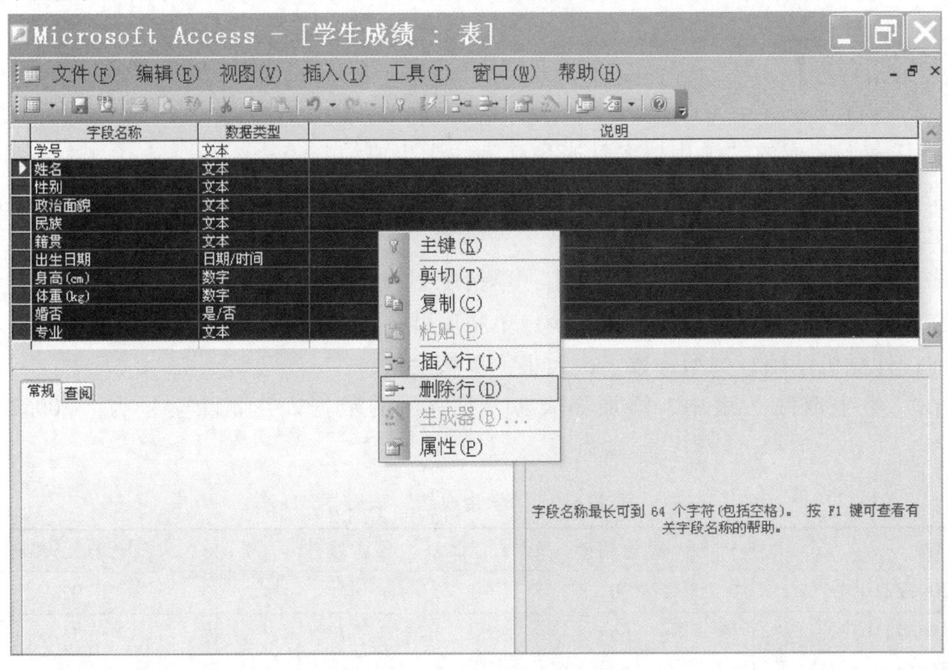

图 11-13 删除字段段操作

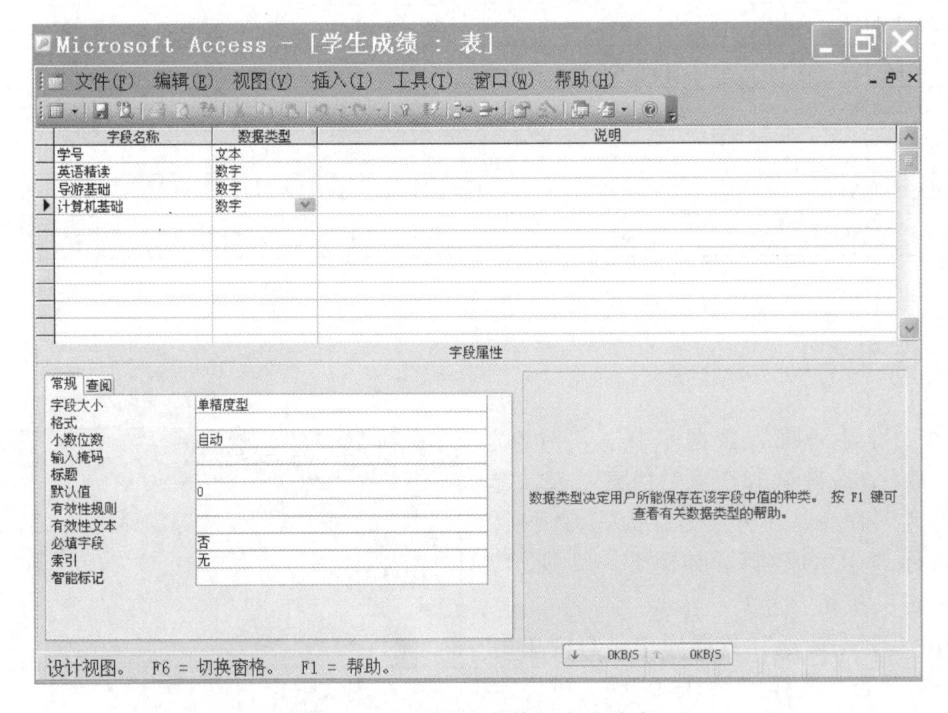

图 11-14 “学生成绩”表的设计

3. 单击工具栏上的“视图”按钮，切换到“数据表视图”，添加表 11-1 所示的记录，其中，“学号”数据不需要输入，并删除学号为“2005224258”的行，如图 11-15 所示，最后关闭该表。

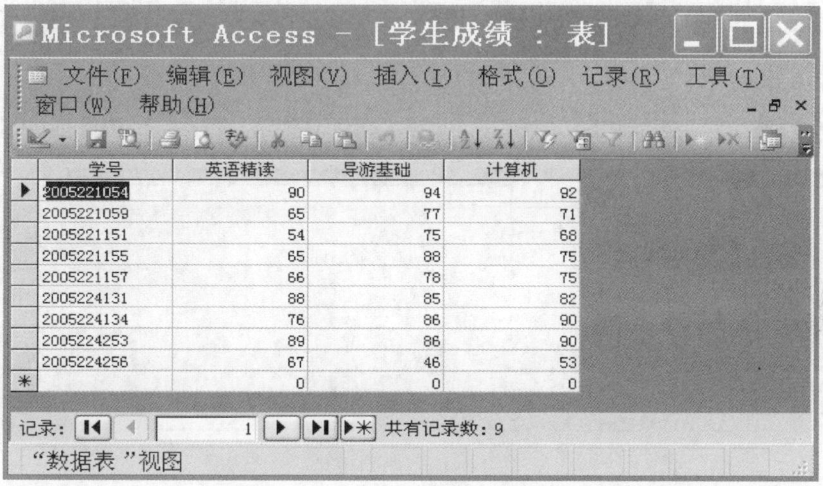

Microsoft Access - [学生成绩 : 表]

文件(F) 编辑(E) 视图(V) 插入(I) 格式(O) 记录(R) 工具(T) 窗口(W) 帮助(H)

学号	英语精读	导游基础	计算机
2005221054	90	94	92
2005221059	65	77	71
2005221151	54	75	68
2005221155	65	88	75
2005221157	66	78	75
2005224131	88	85	82
2005224134	76	86	90
2005224253	89	86	90
2005224256	67	46	53
*	0	0	0

记录: 1 共有记录数: 9

“数据表”视图

图 11-15 “学生成绩”表的记录

任务3 修改学生档案表和学生成绩表

【任务描述】

对“实训 11”素材文件夹中的“学生管理”数据库进行下列操作：

1. 修改“学生档案”表，删除学号为“2005224258”的学生记录，将“白雪”同学的专业修改为“旅游管理”。

2. 修改“学生档案”表结构，定义“学号”字段为主键，设置“姓名”字段的标题为“学生姓名”，“姓名”字段的索引为“有（有重复）”，“性别”字段的“默认值”为“男”，“出生日期”字段的“格式”为长日期。

3. 修改“学生成绩”表结构，定义“学号”字段为主键，将“计算机基础”字段重命名为“计算机”，设置“英语精读”字段的“有效性规则”为大于等于 0 且小于等于 100。

【操作步骤】

1. 在“学生管理”数据库中，双击“学生档案”表，打开该表的“数据表视图”，选中学号为“2005224258”的学生记录，右键单击，在快捷菜单中选择“删除记录”命令，如图 11-16 所示。在确认删除的对话框中单击“是”按钮，如图 11-17 所示。

定位到“白雪”所在行的“专业”列，将其内容修改为“旅游管理”。

2. 切换到表的“设计视图”，将光标定位至“学号”行，单击工具栏上的“主键”按钮，如图 11-18 所示。“学号”行前显示主键图标，表示该字段已被定义为“主键”。

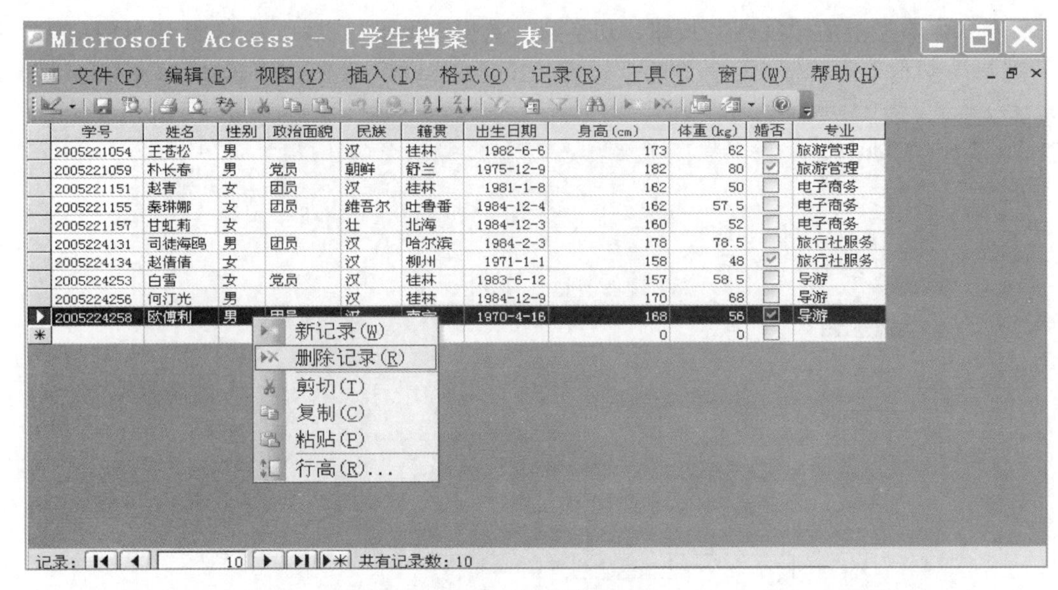

图 11-16 删除记录

图 11-17 删除记录的确认

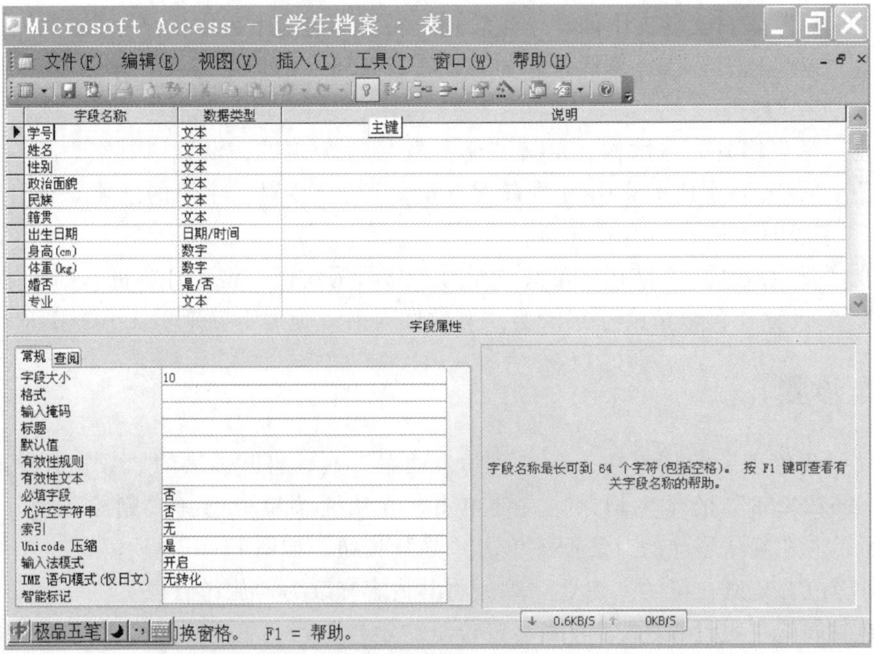

图 11-18 定义主键

光标定位到“姓名”行，在字段属性的“标题”处输入“学生姓名”，在“索引”处选择“有（有重复）”，如图11-19所示。光标定位到“性别”行，在字段属性的“默认值”处输入“男”，如图11-20所示。光标定位到“出生日期”行，在字段属性的“格式”处选择“长日期”，如图11-21所示，完成后保存并关闭该表。

Microsoft Access - [学生档案 : 表]

文件(F)　编辑(E)　视图(V)　插入(I)　工具(T)　窗口(W)　帮助(H)

字段名称	数据类型	说明
学号	文本	
姓名	文本	
性别	文本	
政治面貌	文本	
民族	文本	
籍贯	文本	
出生日期	日期/时间	
身高(cm)	数字	
体重(kg)	数字	
婚否	是/否	
专业	文本	

字段属性

常规　查阅

字段大小	10
格式	
输入掩码	
标题	学生姓名
默认值	
有效性规则	
有效性文本	
必填字段	否
允许空字符串	否
索引	无
Unicode 压缩	无
输入法模式	有(有重复)
IME 语句模式(仅日文)	有(无重复)
智能标记	

索引将加速字段中搜索及排序的速度，但可能会使更新变慢。选择“有(无重复)”可禁止该字段中出现重复值。按F1键可查看有关索引字段的帮助。

0KB/S　0KB/S

设计视图。　F6 = 切换窗格。　F1 = 帮助。

图11-19　字段属性的修改

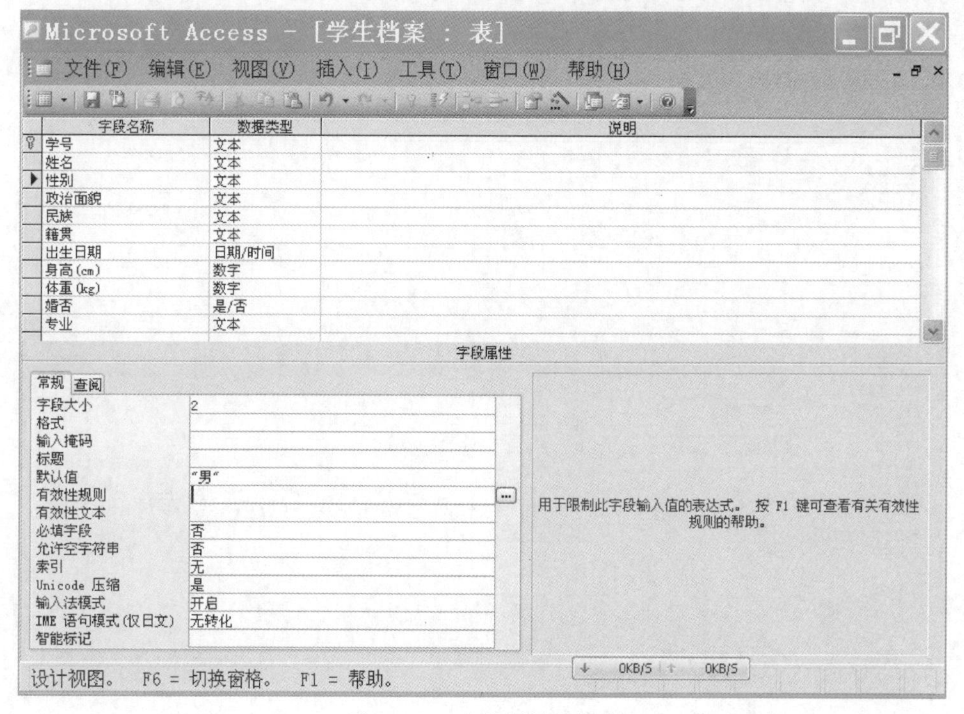

图11-20　字段属性的修改

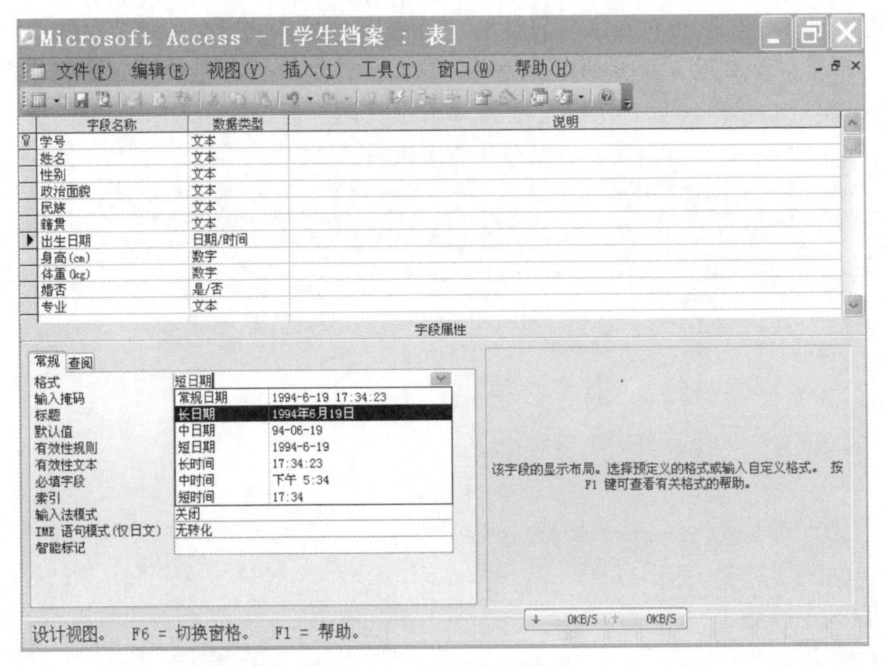

图 11-21　字段属性的修改

3. 在“学生管理”数据库中，打开“学生成绩”表的“设计视图”，定义“学号”字段为主键，将“计算机基础”字段重命名为“计算机”，光标定位到“英语精读”行，在字段属性的“有效性规则”处输入“between 0 and 100”，或者“ >=0 And <=100”，如图 11-22 所示。单击工具栏上的“保存”按钮，在弹出的如图 11-23 所示的对话框中选择“是”，关闭该表。

图 11-22　字段属性的修改

图 11-23　用新规则测试现有数据的确认

任务 4　排序和筛选表中数据

【任务描述】

1. 将“学生档案”表中的记录按“民族”字段升序排列，并设置该表的单元格效果为凸起。

2. 隐藏“学生档案”表中的“政治面貌”列，并冻结“学号”、“学生姓名”列。

3. 在“学生档案”表中按选定内容筛选方法查看“旅游管理”专业的学生记录。

4. 在“学生档案”表中按内容排除筛选方法查看不是来自“桂林”的学生记录。

5. 在“学生档案”表中按窗体筛选方法查看来自“桂林”的“女”同学的记录。

【操作步骤】

1. 打开“学生档案”表，选中“民族”列，单击工具栏上的“升序排列”按钮，如图 11-24 所示。选择菜单“格式”→“数据表”命令，在弹出的如图 11-25 所示的“设置数据表格式”对话框中，选择“凸起”。

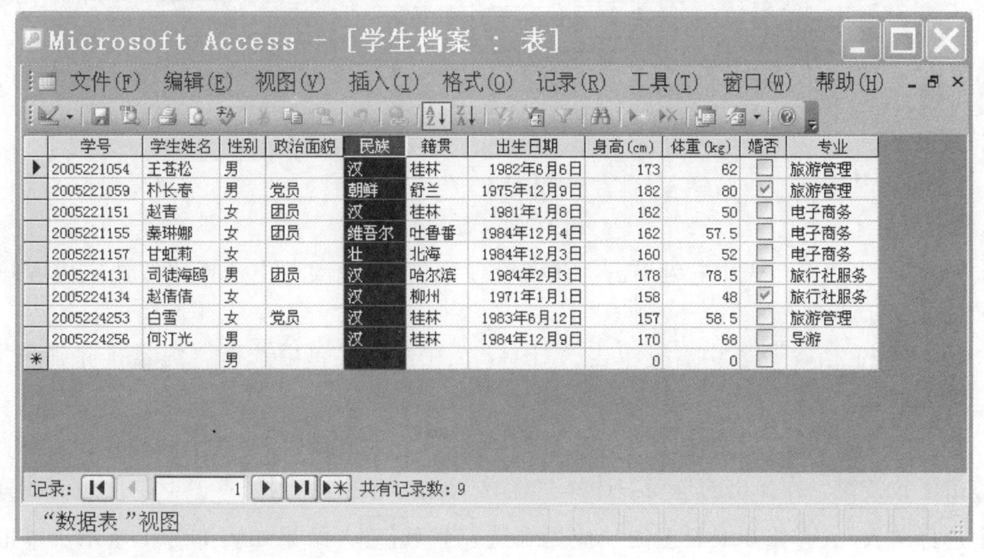

学号	学生姓名	性别	政治面貌	民族	籍贯	出生日期	身高(cm)	体重(kg)	婚否	专业
2005221054	王苍松	男		汉	桂林	1982年6月6日	173	62	☐	旅游管理
2005221059	朴长春	男	党员	朝鲜	舒兰	1975年12月9日	182	80	☑	旅游管理
2005221151	赵青	女	团员	汉	桂林	1981年1月8日	162	50	☐	电子商务
2005221155	秦琳娜	女	团员	维吾尔	吐鲁番	1984年12月4日	162	57.5	☐	电子商务
2005221157	甘虹莉	女		壮	北海	1984年12月3日	160	52	☐	电子商务
2005224131	司徒海鸥	男	团员	汉	哈尔滨	1984年2月3日	178	78.5	☐	旅行社服务
2005224134	赵倩倩	女		汉	柳州	1971年1月1日	158	48	☑	旅行社服务
2005224253	白雪	女	党员	汉	桂林	1983年6月12日	157	58.5	☐	旅游管理
2005224256	何汀光	男		汉	桂林	1984年12月9日	170	68	☐	导游
		男					0	0	☐	

图 11-24　记录的排序

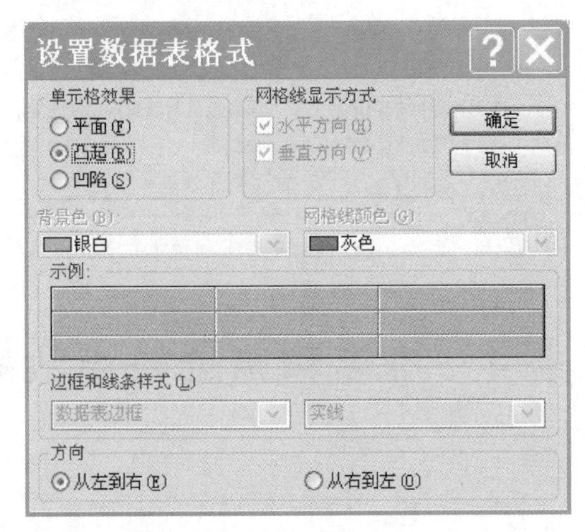

图 11-25 数据表格式设置

2. 右键单击“学生档案”表中的“政治面貌”列，在快捷菜单中选择“隐藏列”，如图 11-26 所示，选中“学号”、“学生姓名”两列，右键单击，在快捷菜单中选择“冻结列”，如图 11-27 所示。

学生档案 : 表

学号	学生姓名	性别	政治面貌	民族	籍贯	出生日期	身高(cm)	体重(kg)	婚否	专业
2005221059	朴长春	男	党员	朝鲜	舒兰	1975年12月9日	182	80	☑	旅游管理
2005224134	赵倩倩	女					158	48	☑	旅行社服务
2005224256	何汀光	男					170	68	☐	导游
2005221054	王苍松	男					173	62	☐	旅游管理
2005224253	白雪	女	党员				157	58.5	☐	旅游管理
2005224131	司徒海鸥	男	团员				178	78.5	☐	旅行社服务
2005221151	赵青	女	团员				162	50	☐	电子商务
2005221155	秦琳娜	女	团员				162	57.5	☐	电子商务
2005221157	甘虹莉	女					160	52	☐	电子商务
*		男					0	0	☐	

升序排序(A)
降序排序(D)
复制(C)
粘贴(P)
列宽(C)...
隐藏列(H)
冻结列(Z)
取消对所有列的冻结(A)
查找(F)...
插入列(C)
查阅列(L)...
删除列(M)
重命名列(N)

记录: 1 共有记录数: 9

图 11-26 隐藏列

3. 在“学生档案”表中右键单击“旅游管理”，在快捷菜单中选择“按选定内容筛选”，如图 11-28 所示。

4. 在“学生档案”表中右键单击“桂林”，在快捷菜单中选择“内容排除筛选”，如图 11-29 所示。

5. 在工具栏上单击“按窗体筛选”按钮，弹出如图 11-30 所示的窗口，在“籍贯”列处单击下拉按钮，在弹出的选项中选择“桂林”，在“性别”列处单击下拉按钮，在弹出的选项中选择“女”，单击工具栏上的“应用筛选”按钮，结果如图 11-31 所示。单击工具栏上的“取消筛选”按钮，即可查看该表的所有记录。

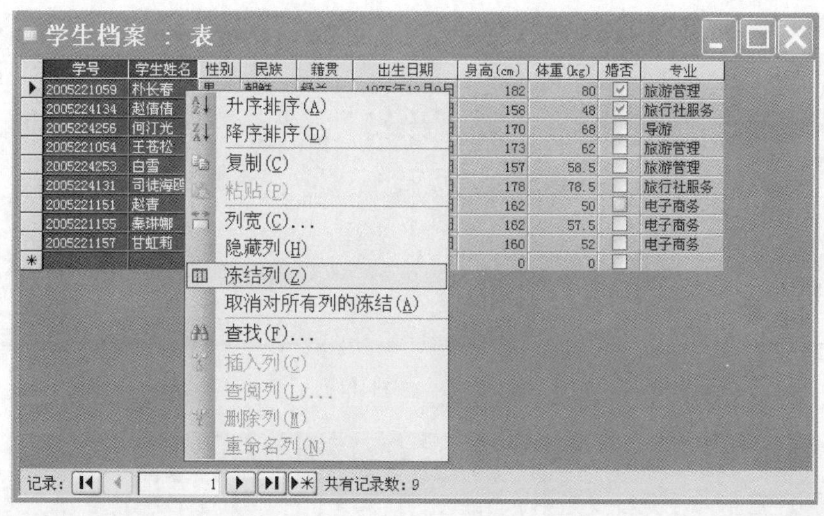

图 11-27　冻结列

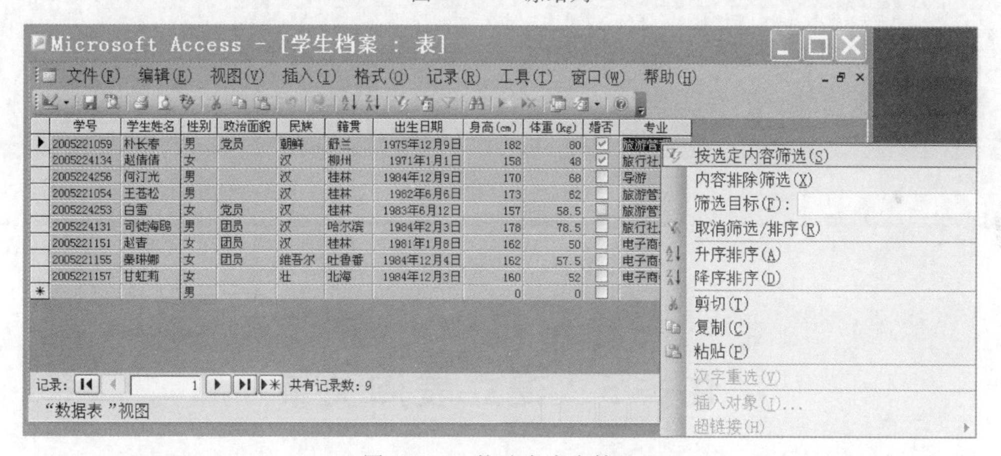

图 11-28　按选定内容筛选

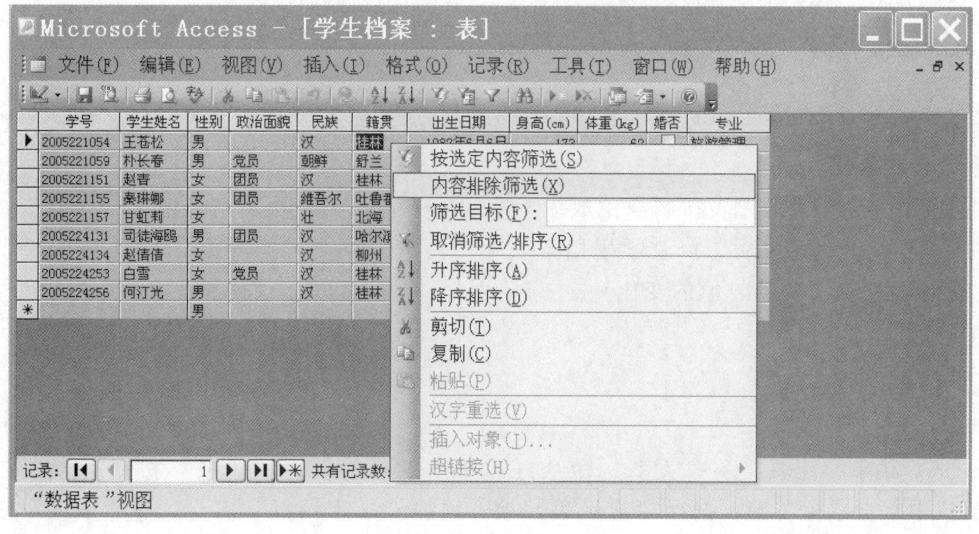

图 11-29　内容排除筛选

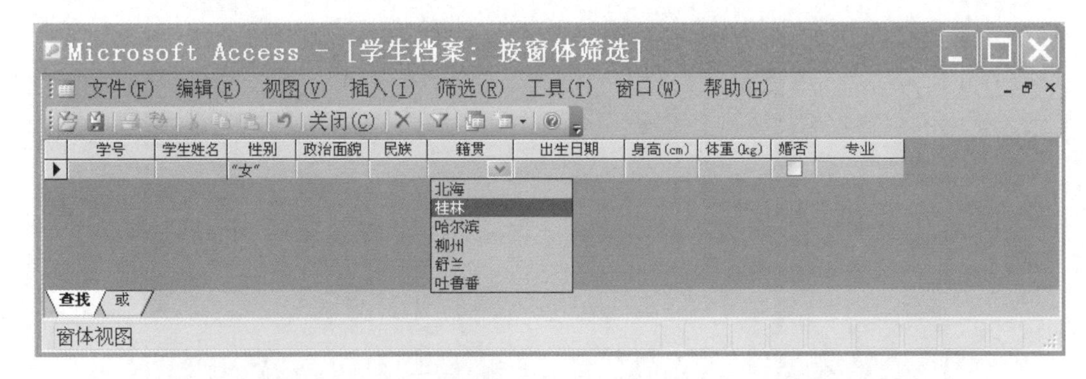

图 11-30　按窗体筛选

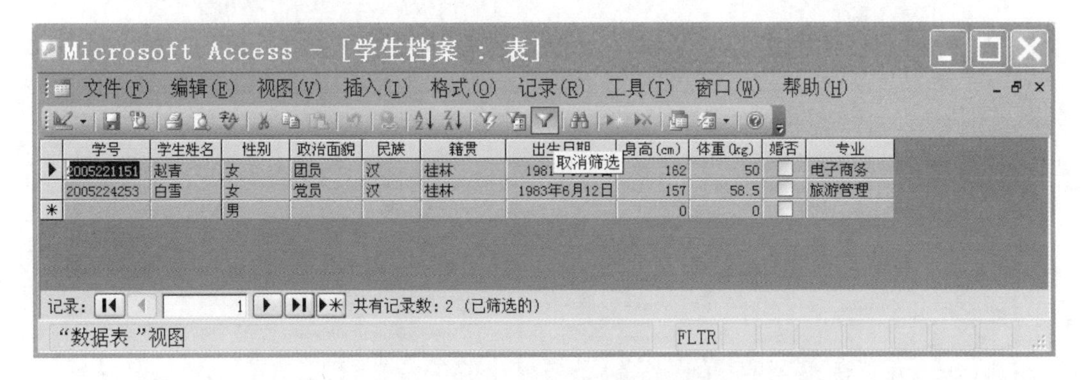

图 11-31　筛选结果

任务 5　建立表间关系

【任务描述】

1. 设置“学生档案”表与“学生成绩”表间一对一关系，打开“学生档案”表，观察建立关系后表的变化。

2. 编辑“学生档案”表和“学生成绩”表间的关系，实施参照完整性，设置为“级联更新相关字段”，设置完成后，修改学生档案表中“白雪”同学的学号为“2005000001”，查看“学生成绩”表中“学号”值的变化。

【操作步骤】

1. 选择菜单“工具”→“关系”命令（或单击工具栏上的“关系”按钮），在“关系”窗口中单击鼠标右键，选择“显示表”项，添加“学生档案”表与“学生成绩”表，如图 11-32 所示。关闭“显示表”对话框，添加两个表后的“关系”窗口如图 11-33 所示。

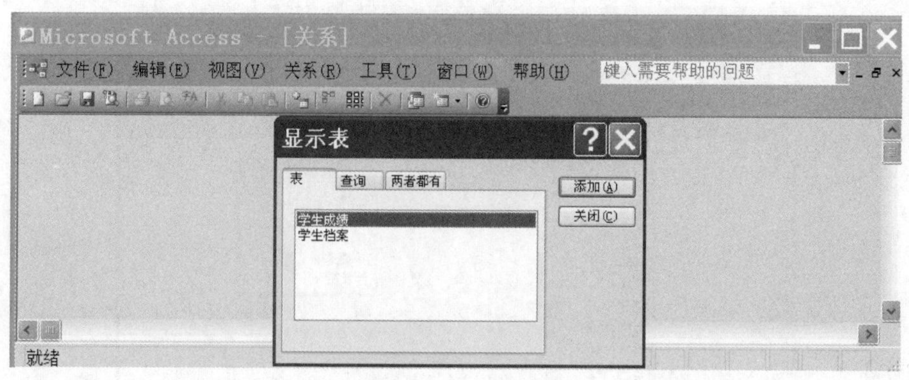

图 11-32　添加表

将“学生档案”表中的“学号”字段拖动到“学生成绩”表中的“学号”字段上，弹出如图 11-34 所示的“编辑关系”对话框，单击“创建”按钮，建立的关系如图 11-35 所示。

建立关系后，打开“学生档案”表，单击记录前面的“+”，可以查看“学生成绩”表相应的内容，如图 11-36 所示。

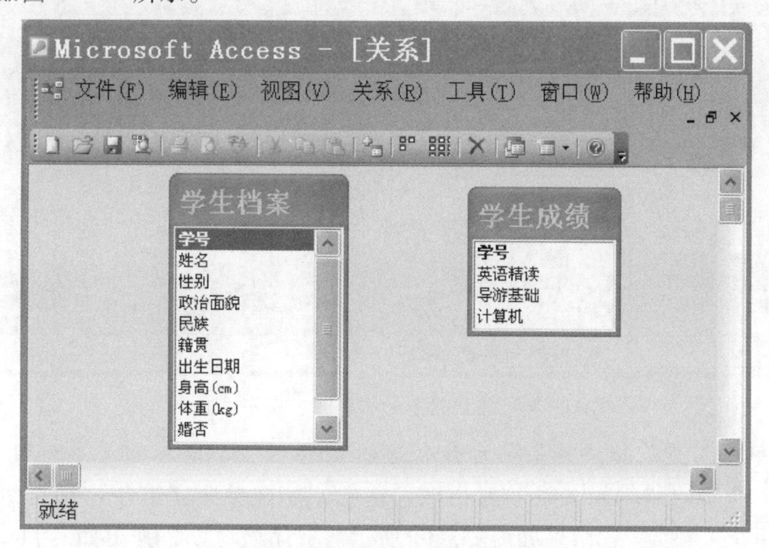

图 11-33　添加表后的关系窗口

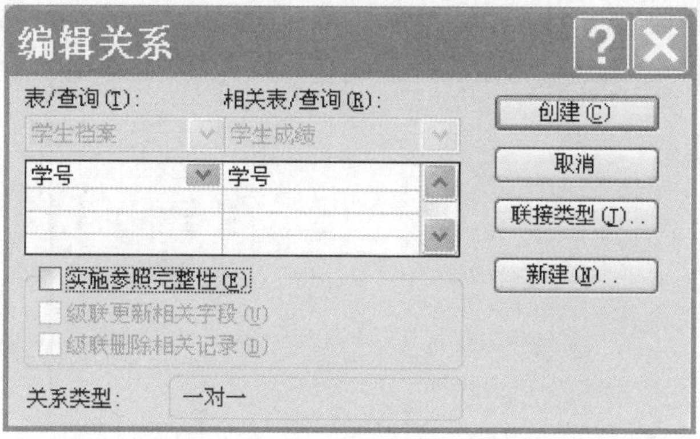

编辑关系
表/查询(T):　相关表/查询(R):
学生档案　学生成绩
学号　学号
创建(C)
取消
联接类型(J)..
新建(N)..
实施参照完整性(E)
级联更新相关字段(U)
级联删除相关记录(D)
关系类型:　一对一

图 11-34　“编辑关系”对话框

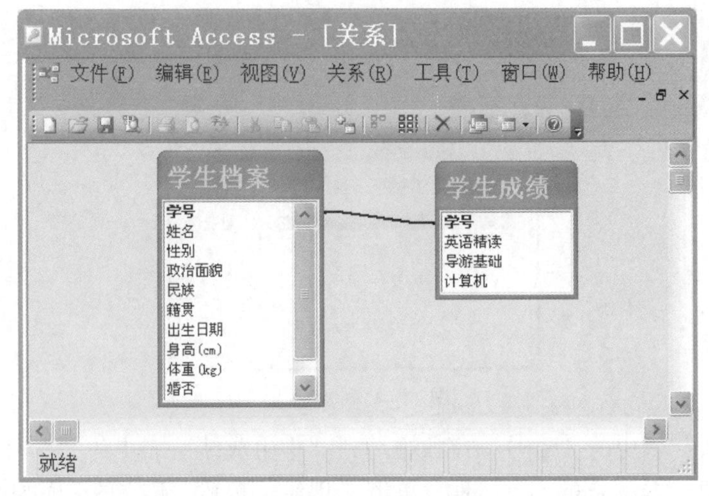

图 11-35 建立关系

学生档案 : 表

学号	学生姓名	性别	政治面貌	民族	籍贯	出生日期	身高(cm)	体重(kg)	婚否	专业
2005221059	朴长春	男	党员	朝鲜	舒兰	1975年12月9日	182	80	☑	旅游管理
2005224134	赵倩倩	女		汉	柳州	1971年1月1日	158	48	☑	旅行社服务
2005224256	何汀光	男		汉	桂林	1984年12月9日	170	68	☐	导游
2005221054	王苍松	男		汉	桂林	1982年6月6日	173	62	☐	旅游管理
2005224253	白雪	女	党员	汉	桂林	1983年6月12日	157	58.5	☐	旅游管理

英语精读	导游基础	计算机
89	86	90
0	0	0

学号	学生姓名	性别	政治面貌	民族	籍贯	出生日期	身高(cm)	体重(kg)	婚否	专业
2005224131	司徒海鸥	男	团员	汉	哈尔滨	1984年2月3日	178	78.5	☐	旅行社服务
2005221151	赵青	女	团员	汉	桂林	1981年1月8日	162	50	☐	电子商务
2005221155	秦琳娜	女	团员	维吾尔	吐鲁番	1984年12月4日	162	57.5	☐	电子商务
2005221157	甘虹莉	女		壮	北海	1984年12月3日	160	52	☐	电子商务
		男					0	0	☐	

记录: 5 共有记录数: 9

图 11-36 建立关系后“学生档案”表内容

2. 选择菜单“工具”→“关系”命令，显示如图 11-35 所示的关系窗口，双击关系线，弹出如图 11-37 所示的“编辑关系”对话框，选中“实施参照完整性”和“级联更新相关字段”复选框，单击“确定”，结果如图 11-38 所示。关闭该窗口，弹出如图 11-39 所示的对话框，选择“是”，保存关系布局。

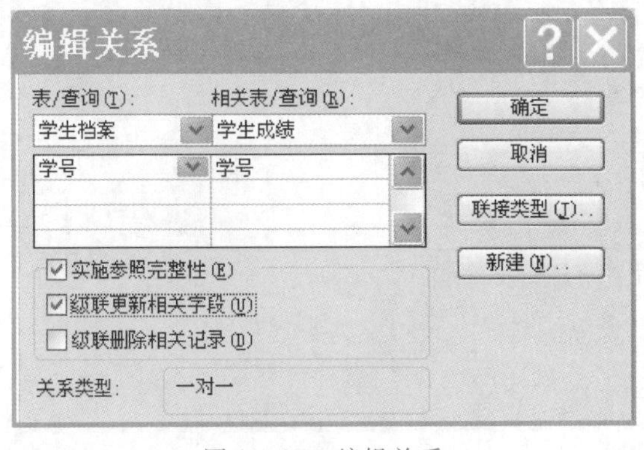

图 11-37 编辑关系

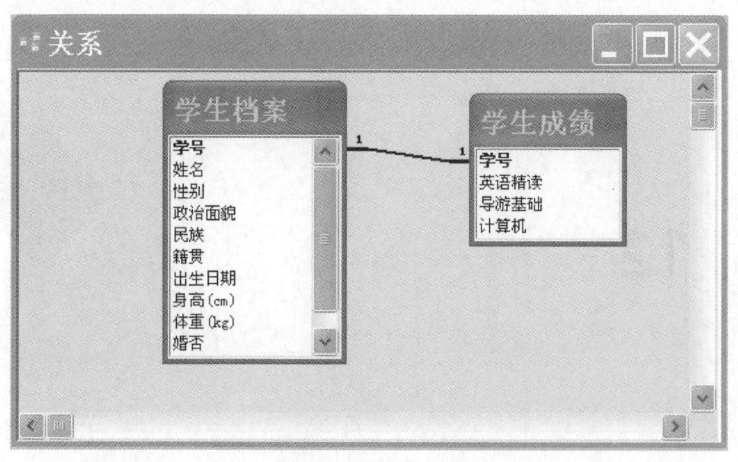

图 11-38　编辑关系结果

图 11-39　保存关系

打开“学生档案”表，修改表中姓名为“白雪”的同学学号为“2005000001”，然后关闭该表，打开“学生成绩”表，查看表中“学号”值的变化，如图 11-40 所示。

学生成绩 : 表

学号	英语精读	导游基础	计算机
2005000001	89	86	90
2005221054	90	94	92
2005221059	65	77	71
2005221151	54	75	68
2005221155	65	88	75
2005221157	66	78	75
2005224131	88	85	82
2005224134	76	86	90
2005224256	67	46	53

学生姓名	性别	政治面貌	民族	籍贯	出生日期	身高(cm)	体重(kg)	婚否	专业
白雪	女	党员	汉	桂林	1983年6月12日	157	58.5	☐	旅游管理
	男					0	0	☐	

记录: 1 共有记录数: 1

图 11-40　级联更新的作用

实训 12

使用 Access 处理数据

【实训目的】

1. 掌握简单选择查询的创建与修改。
2. 掌握参数查询的创建方法。
3. 掌握汇总查询的创建方法。
4. 掌握使用向导创建窗体和自动创建窗体的方法。
5. 掌握创建报表的方法。

【实训环境】

1. Windows XP 操作系统。
2. Microsoft Office Access 2003。
3. 本书配套光盘中的“实训 12”素材。

任务 1　创建简单选择查询

【任务描述】

对“实训 12”文件夹中的数据库文件“学生管理 1”，进行如下操作：

1. 创建名为“查询 1”的查询，查询“学生基本情况表”中的所有学生的“学号”、“姓名”、“班级”、“性别”，要求查询结果按班级升序排列，同一班级则按性别升序排列。

2. 创建名为“查询 2”的查询，查询所有年龄小于 20 的女生信息，查询结果显示“学生基本情况表”中的所有字段。

3. 创建名为“查询 3”的查询，查询“网络 052”班所有同学的“英语”成绩，查询结果显示“学号”、“姓名”、“英语”字段，并按英语成绩降序排列。

4. 创建名为“查询 4”的查询，查询每个同学的总分，结果包含“学号”、“姓名”、“总分”字段，并按“总分”字段降序排列。

5. 以“查询 4”为数据源，创建名为“查询 5”的查询，查询总分在 200 到 300（包括 200 和 300）的学生的学号、姓名、总分。

【操作步骤】

1. 打开“实训 12”文件夹中的数据库文件“学生管理 1”。单击对象栏中的“查询”按钮，双击右窗格中的“在设计视图中创建查询”项，弹出“显示表”对话框，如图 12-1 所示。双击“学生基本情况表”，将该表添加到查询设计窗口中，关闭“显示表”对话框。

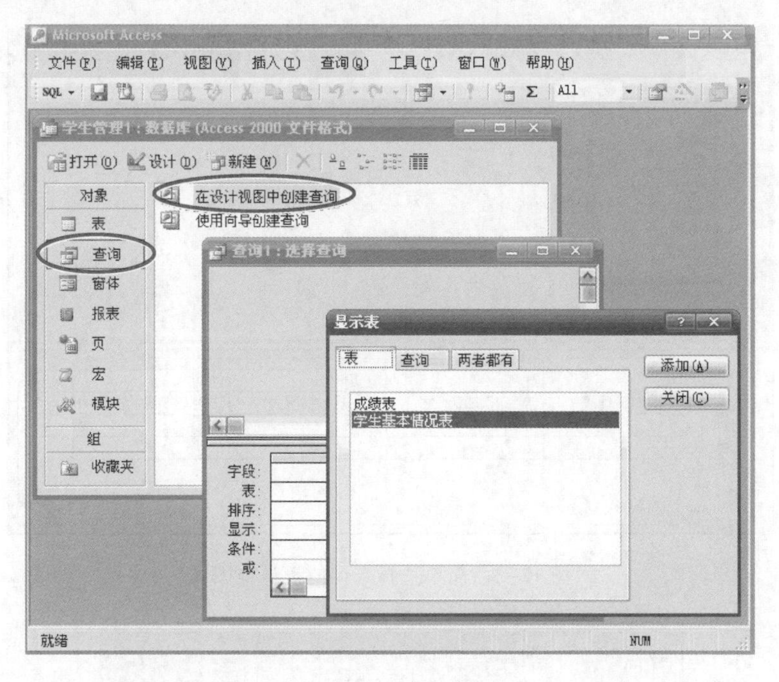

图 12-1　添加查询的数据源 1

在图 12-2 所示的查询设计窗口中，分别双击上部表中字段名：“学号”、“姓名”、“班级”和“性别”，将需要查询的字段添加到“字段”行处（将“班级”字段放在“性别”字段的前面）。在“班级”、“性别”处的“排序”行中选择“升序”，如图 12-3 所示。

单击工具栏的“运行按钮” **!**，即可查看查询结果，如图 12-4 所示。

单击工具栏上的“保存”按钮，在“查询名称”处输入“查询 1”，如图 12-5 所示，单击“确定”按钮，并关闭该查询。

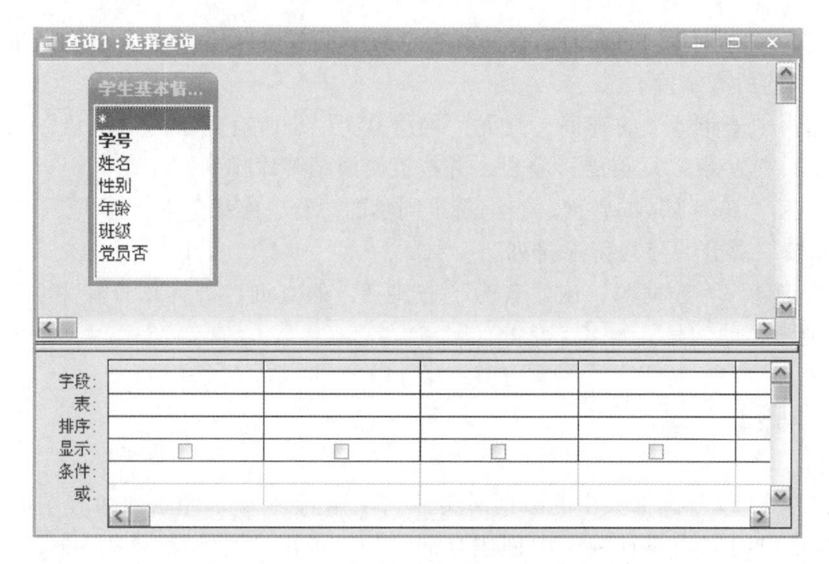

图 12-2 添加查询的数据源 2

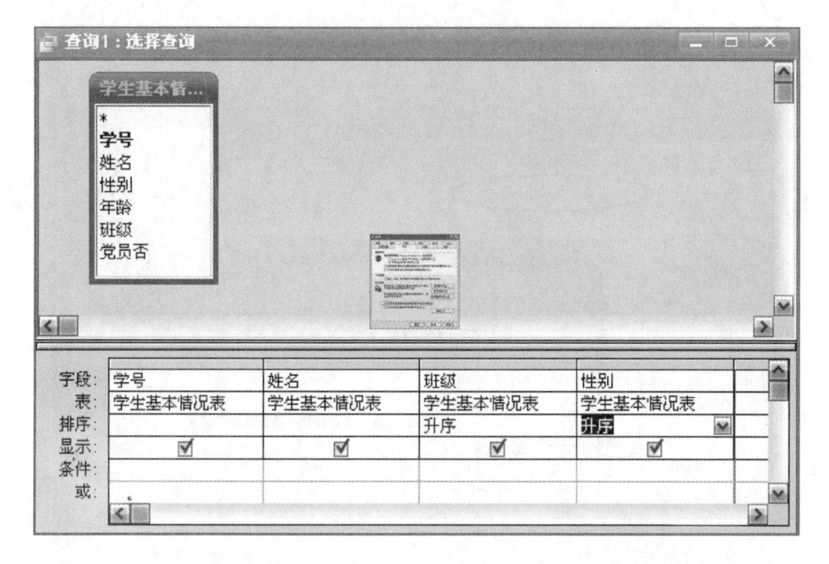

图 12-3 简单选择查询的设计视图

查询1：选择查询

学号	姓名	班级	性别
0004	费通	计算机051	男
0002	李小梅	计算机051	女
0001	祝燕飞	计算机051	女
0008	李胜利	网络052	男
0003	石建飞	网络052	男
0006	余小琳	网络052	女
0007	王平	应用电子052	男
0010	王一	应用电子052	男
0005	马丽萍	应用电子052	女

记录: 1 共有记录数: 9

图 12-4 查询结果

2. 双击“在设计视图中创建查询”，在弹出的“显示表”对话框中，选中“学生基本情况表”，单击“添加”按钮，将该表添加到查询设计窗口中，关闭“显示表”对话框。

图 12-5 查询的保存

在查询设计窗口中，双击上部表中的“＊”，将该表所有的字段添加到“字段”行处。再分别将上部表中字段名：“年龄”、“性别”添加到“字段”行，将“年龄”、“性别”处的“显示”行中的“√”去掉，并在其“条件”行分别输入：“<20”和“女”，如图 12-6 所示。

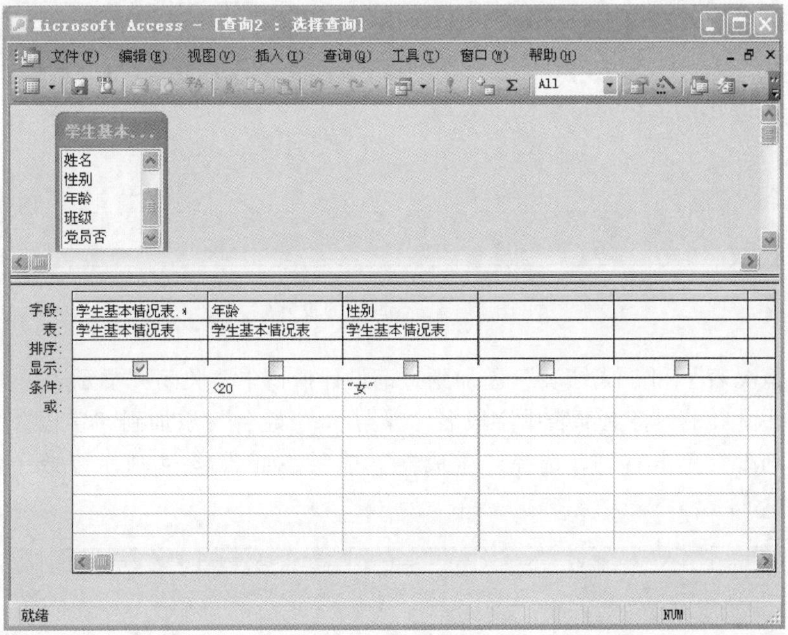

图 12-6 查询 2 的设计

单击工具栏的“运行”按钮 !，即可查看查询结果。单击工具栏上的“保存”按钮，在“查询名称”处输入“查询 2”，单击“确定”按钮并关闭该查询。

3. 在数据库的查询栏，双击“在设计视图中创建查询”，在出现的“显示表”对话框中，分别双击“学生基本情况表”和“成绩表”，将两个表添加到查询设计窗口中，关闭“显示表”对话框。

在查询设计窗口中，将上部表中字段名“学号”、“姓名”、“英语”、“班级”添加到下部“字段”行处，并将“班级”列“显示”行中的“√”去掉，在该字段的“条件”行输入："网络 052"，在“英语”列的“排序”行中选择“降序”，如图 12-7 所示。

单击工具栏的“运行”按钮 !，即可查看查询结果。

单击工具栏上的“保存”按钮，在“另存为”对话框中的“查询名称”处输入“查询 3”。单击“确定”按钮并关闭该查询。

4. 在数据库的查询栏，双击“在设计视图中创建查询”，在弹出的“显示表”对话框中，

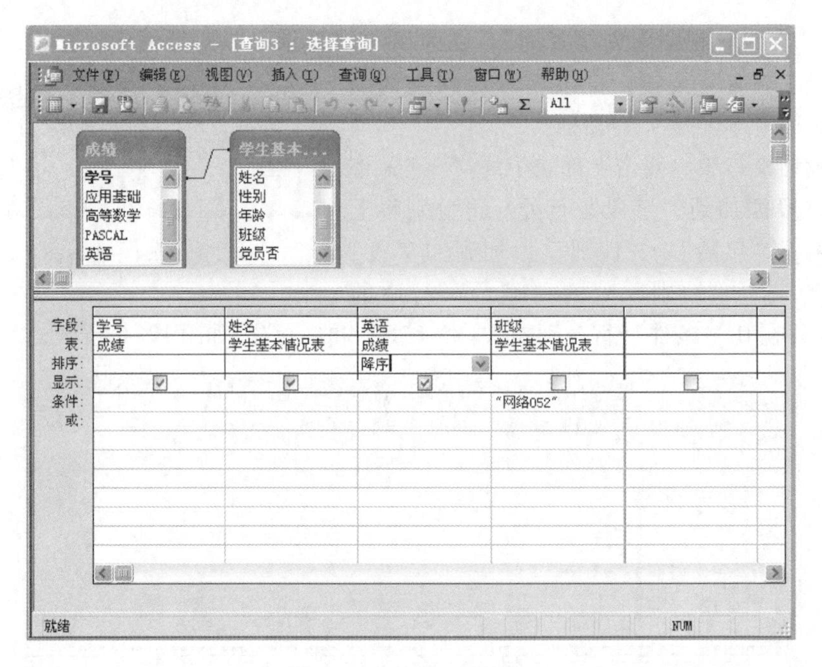

图 12-7 查询 3 的设计

将“学生基本情况表”和“成绩表”添加到查询设计窗口中，关闭“显示表”对话框。

在查询设计窗口中，将上部表中字段名“学号”、“姓名”添加到“字段”行。并在“字段”行的空白列处，单击右键，选择“生成器”选项，如图 12-8 所示（或单击工具栏上的“生成器”按钮）。

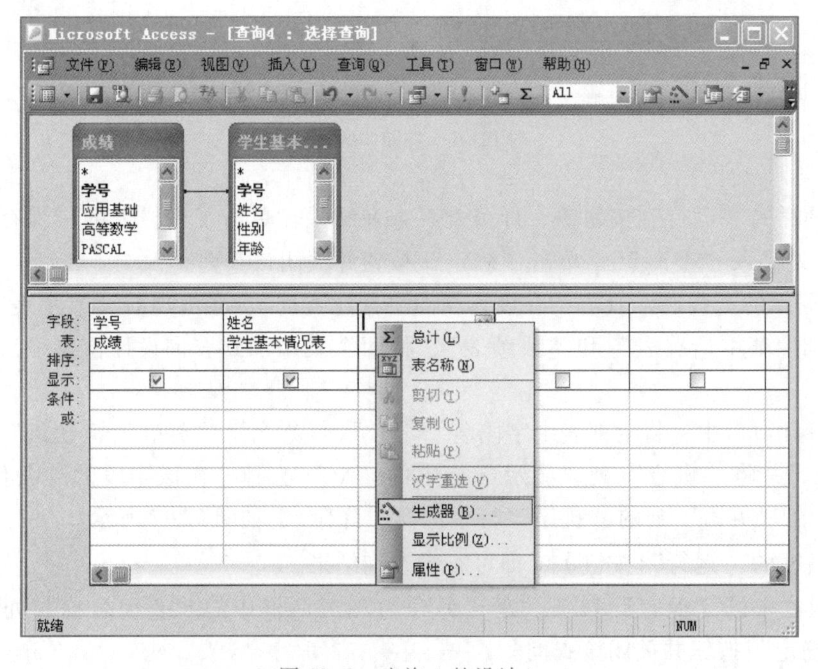

图 12-8 查询 4 的设计 1

在“表达式生成器”对话框中输入“总分:［成绩表］!［应用基础］+［成绩表］!［高等数学］+［成绩表］!［PASCAL］+［成绩表］!［英语］”，如图 12-9 所示，其中，标点符号要用英文标点，表达式中所用的字段可以通过双击对话框下部的字段列表来输入，先输入表达式，再插入字段标题。单击“确定”按钮，返回查询设计视图，在“总分”列的“显示”行中打上“√”，并在排序行中选择“降序”，如图 12-10 所示。

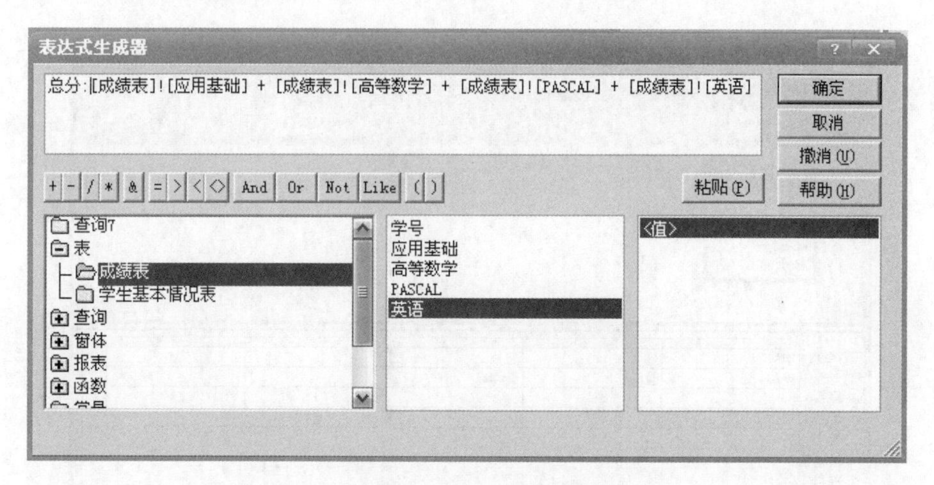

图 12-9　表达式生成器

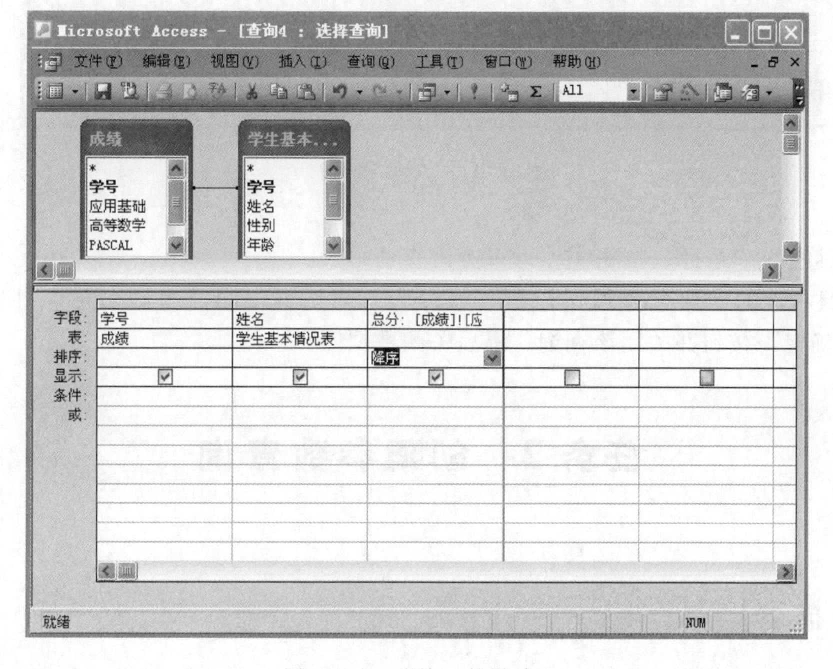

图 12-10　查询 4 的设计 2

单击工具栏的“运行”按钮 ! ，即可查看查询结果。

单击工具栏上的“保存”按钮，在“另存为”对话框中的“查询名称”处输入“查询 4”。单击“确定”按钮并关闭该查询。

5. 在数据库的查询栏，双击“在设计视图中创建查询”，在弹出的“显示表”对话框中，单击“查询”选项卡，选中“查询 4”，单击“添加”按钮，将“查询 4”添加到查询设计窗口中，关闭“显示表”对话框。在查询设计窗口中，将上部表中字段名“学号”、“姓名”、“总分”添加到下部“字段”行处，并在“总分”列的“条件”行输入“ >= 200 And <= 300”，如图 12-11 所示。

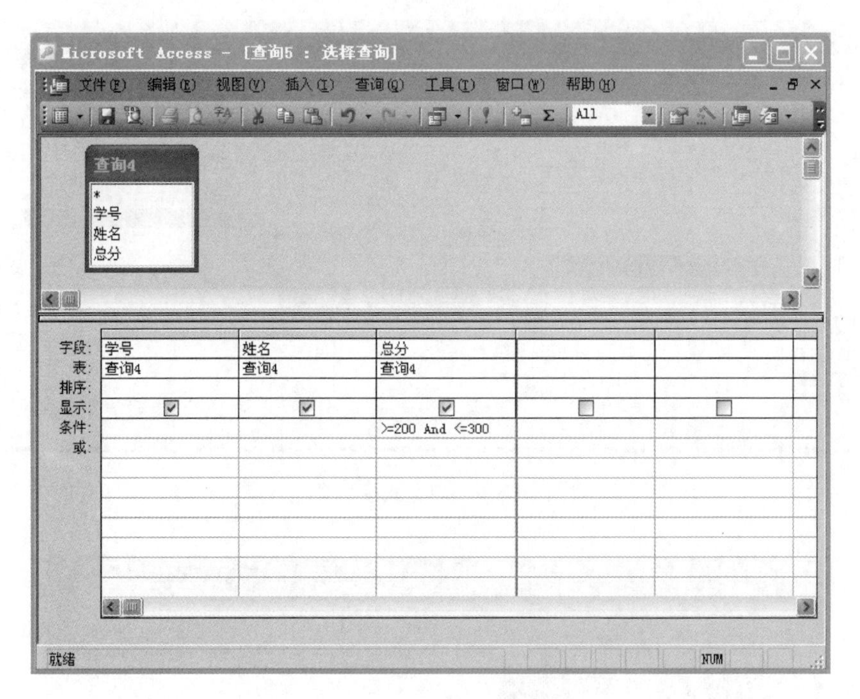

图 12-11 查询 5 的设计

单击工具栏的“运行”按钮!，即可查看查询结果。

单击工具栏上的“保存”按钮，在“另存为”对话框中的“查询名称”处输入“查询 5”。单击“确定”按钮并关闭该查询，最后关闭数据库。

任务 2 创建参数查询

【任务描述】

打开“实训 12”文件夹中的数据库文件“学生管理 2”，创建参数查询“按学号查询基本情况”，通过输入学号显示该学生的基本情况，查询结果显示“学生基本情况表”中的所有字段，参数提示为“请输入学号”。

【操作步骤】

打开“实训 12”文件夹中的数据库文件“学生管理 2”。单击对象栏中的“查询”按钮，双击“在设计视图中创建查询”。在“显示表”对话框中，将“学生基本情况表”添加到查询设计窗口中，关闭“显示表”对话框。

在查询设计窗口中，双击上部表中的“*”，将该表所有字段添加到“字段”行处。双击上部表中字段名“学号”，将其添加到“字段”行处，并将“学号”列“显示”行中的“√”去掉，在该字段的“条件”行输入“［请输入学号］”，如图 12-12 所示。

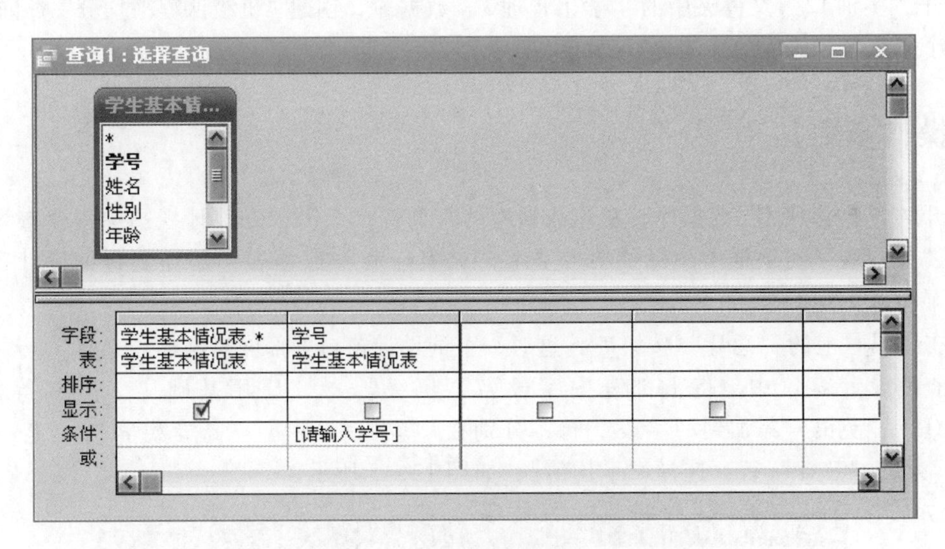

图 12-12　选择查询的设计

单击工具栏的“运行”按钮 ！，弹出“输入参数值”对话框，输入学号，如图 12-13 所示。单击“确定”按钮，即可查看本次查询结果，如图 12-14 所示。

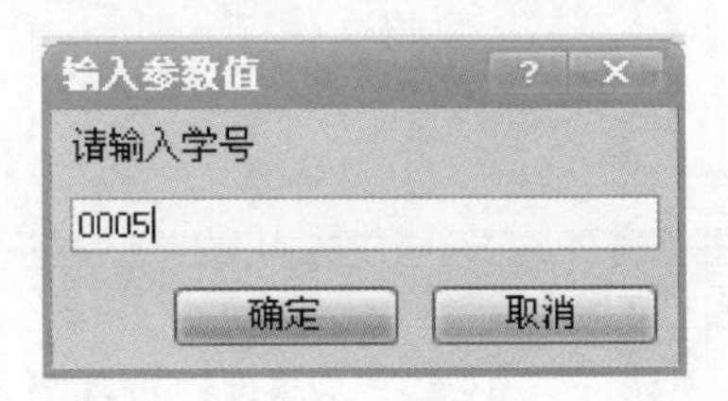

图 12-13　“输入参数值”对话框

查询1：选择查询

学号	姓名	性别	年龄	班级	党员否
0005	马丽萍	女	20	应用电子052	☑
			0		☐

记录：1　共有记录数：1

图 12-14　查询的运行结果

单击工具栏上的“保存”按钮，在“另存为”对话框中的“查询名称”处输入“按学号查询基本情况”，单击“确定”按钮并关闭该查询。

任务 3 创建汇总查询

【任务描述】

打开“实训 12”文件夹中的“学生管理 3”数据库，创建“班级课程平均分”查询，要求查询每个班级各门课程的平均分。

【操作步骤】

打开“学生管理 3”数据库，在该数据库的查询栏，双击“在设计视图中创建查询”，在弹出的“显示表”对话框中，将“学生基本情况表”和“成绩表”添加到查询设计窗口中，关闭“显示表”对话框。

单击工具栏上的“总计”按钮Σ，这时，查询设计窗口下部网格添加“总计”行。

在查询设计窗口中，将上部表中字段名“班级”、“应用基础”、“高等数学”、“PASCAL”、“英语”添加到“字段”行，分别在“应用基础”、“高等数学”、“PASCAL”、“英语”列的“总计”行，选择“平均值”，如图 12-15 所示。

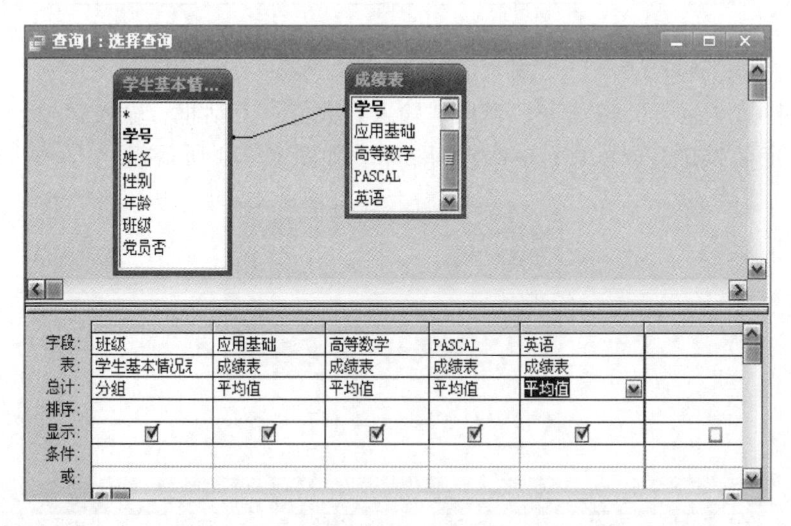

图 12-15 汇总查询的设计

单击工具栏的“运行”按钮!，即可查看查询结果，如图 12-16 所示。

单击工具栏上的“保存”按钮，在“另存为”对话框中的“查询名称”处输入“班级课程平均分”，单击“确定”按钮并关闭该查询。

查询1：选择查询

班级	应用基础之平均值	高等数学之平均值	PASCAL之平均值	英语之平均值
计算机051	76.6666666666667	78.3333333333333	79.33333333333	85
网络052	87.5	79.5	90	80
应用电子052	45	72	72.5	64

记录：1　共有记录数：3

图 12-16　查询结果

任务4　创 建 窗 体

【任务描述】

打开“实训 12”文件夹中的“学生管理 4”数据库，以“成绩表”为数据源，使用“自动窗体”，创建一个名为“成绩表”的窗体，用于显示、修改和添加“成绩表”记录。

【操作步骤】

打开“实训 12”文件夹中的数据库文件“学生管理 4”。单击对象栏中的“表”按钮，选择“成绩表”，单击工具栏上的“新对象”下拉按钮，选择“自动窗体”选项，如图 12-17 所示。弹出如图 12-18 所示的窗体，单击工具栏“保存”按钮，在“另存为”对话框“窗体

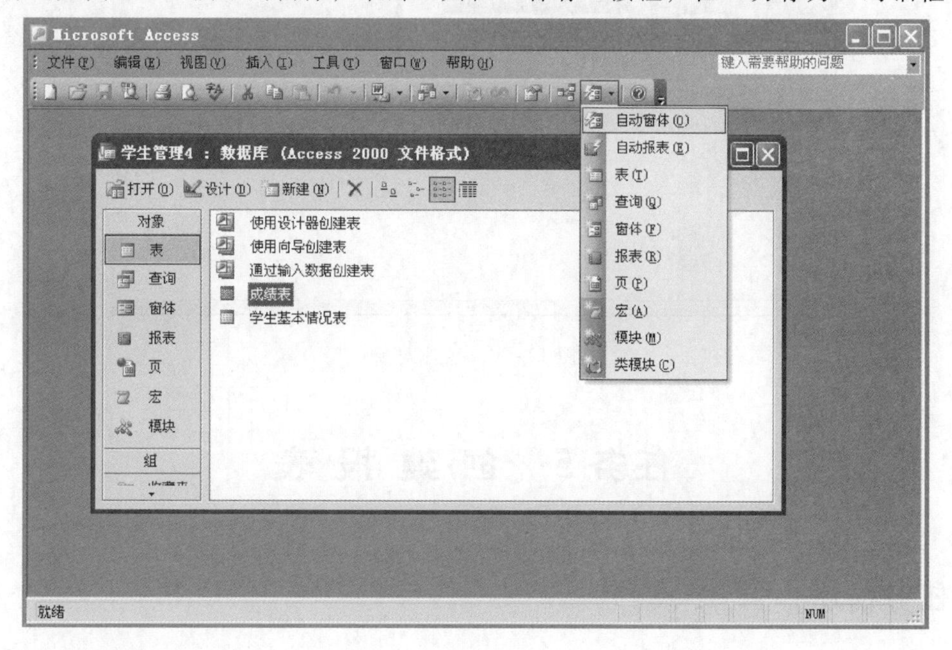

图 12-17　“新对象”下拉菜单

名称”处输入“成绩表”，如图12-19所示，单击“确定”按钮。单击数据库对象栏中的“窗体”项，查看刚刚创建的“成绩表”窗体，如图12-20所示。该窗体打开后，可以通过窗体下方按钮显示、修改和添加“成绩表”的记录。

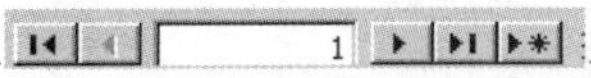

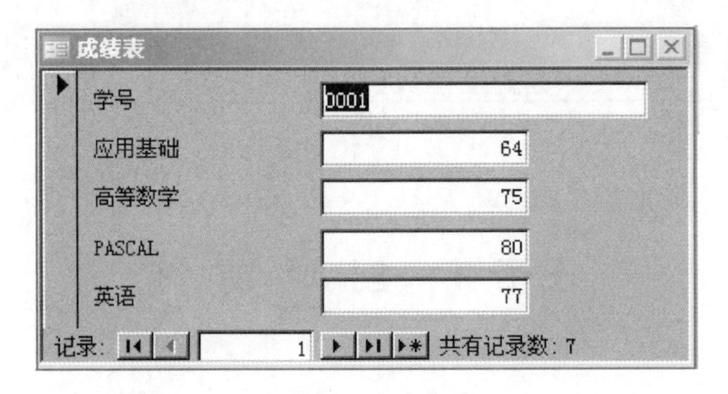

图12-18 自动窗体

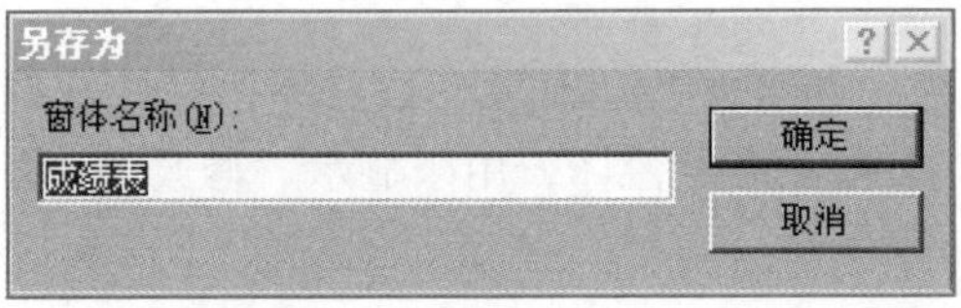

图12-19 窗体的保存

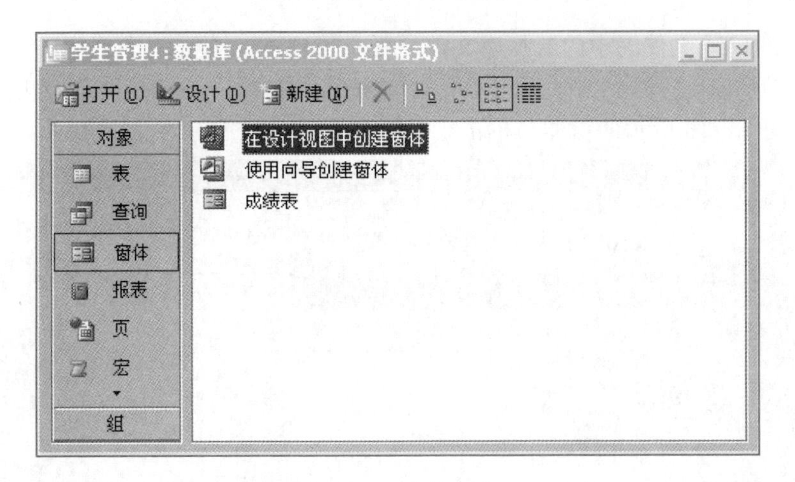

图12-20 窗体对象

任务5 创建报表

【任务描述】

打开“实训12”文件夹中的“学生管理5”数据库，以“总分查询”为数据源，创建名为“学生总分”的表格式报表，要求按“班级”字段分组，按“总分”降序排列，报表标题为“学生总分”，显示每个同学的学号、姓名、总分。

【操作步骤】

打开“实训12”文件夹中的数据库文件“学生管理5”。在如图12-21所示的对象“报表”中，双击“使用向导创建报表”，弹出如图12-22所示的“报表向导”对话框，在“表/查询”框中选择“查询：总分查询”，单击»按钮选定所有可用字段，单击“下一步”，弹出如图12-23所示的对话框，选中“班级”，单击›按钮，将“班级”设置为分组字段，单击“下一步”，弹出如图12-24所示的对话框，设置排序字段为“总分”，降序，单击“下一步”，弹出如图12-25所示的对话框，选择“递阶”布局，单击“下一步”，弹出如图12-26所示的对话框，选择样式。单击“下一步”，弹出如图12-27所示的对话框，为报表指定标题“学生总分”，单击“完成”，预览如图12-28所示的“学生总分”报表，最后关闭该报表。

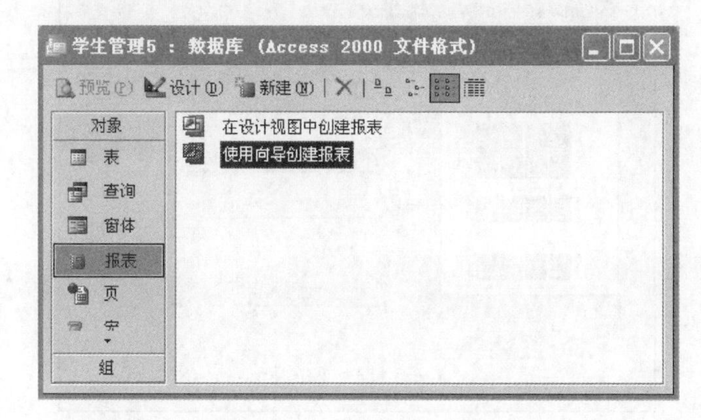

图12-21 报表对象窗口

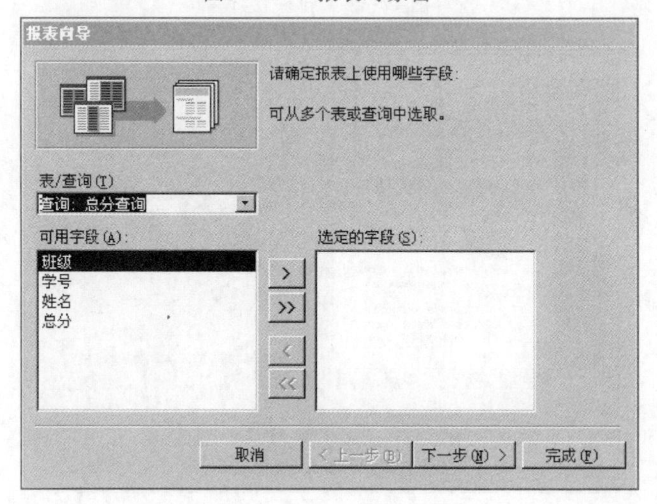

图12-22 报表字段选择

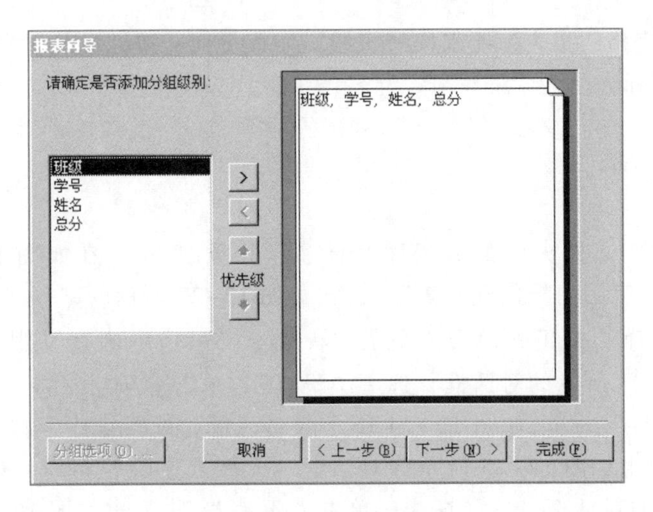

图 12-23 添加分组级别

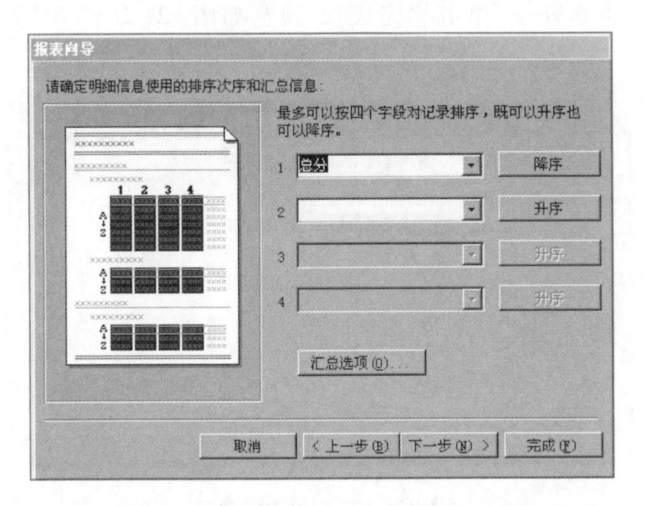

图 12-24 排序次序

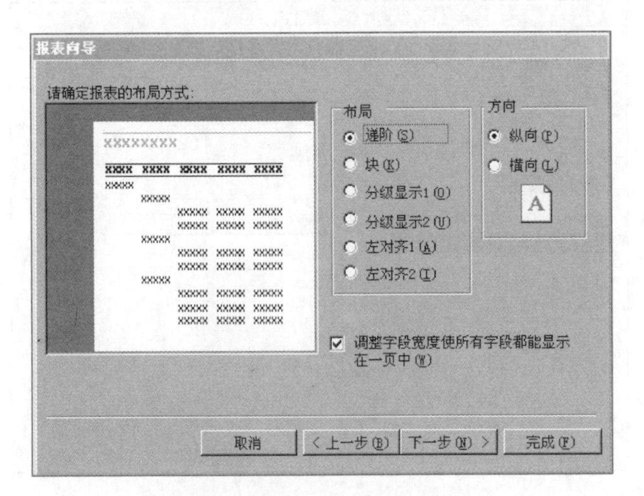

图 12-25 报表布局选择

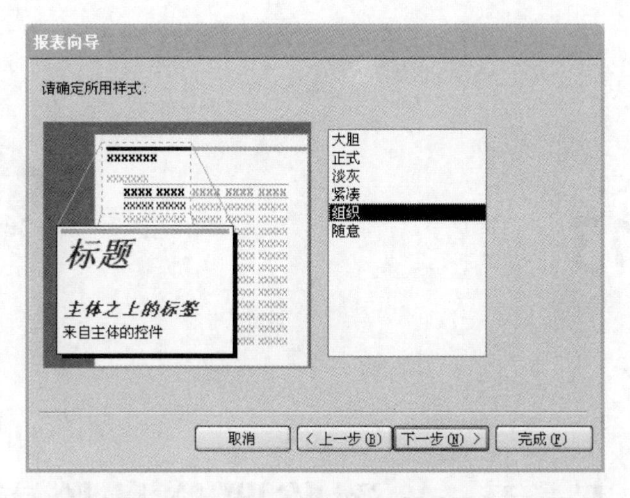

报表向导
请确定所用样式:
标题
主体之上的标签
来自主体的控件
大胆
正式
淡灰
紧凑
组织
随意
取消
< 上一步(B)
下一步(N) >
完成(F)

图 12-26　报表样式选择

报表向导
请为报表指定标题:
学生总分
以上是创建报表所需的全部信息。
请确定是要预览报表还是要修改报表设计:
预览报表(P)
修改报表设计(M)
显示有关使用报表的帮助(H)
取消
< 上一步(B)
下一步(N) >
完成(F)

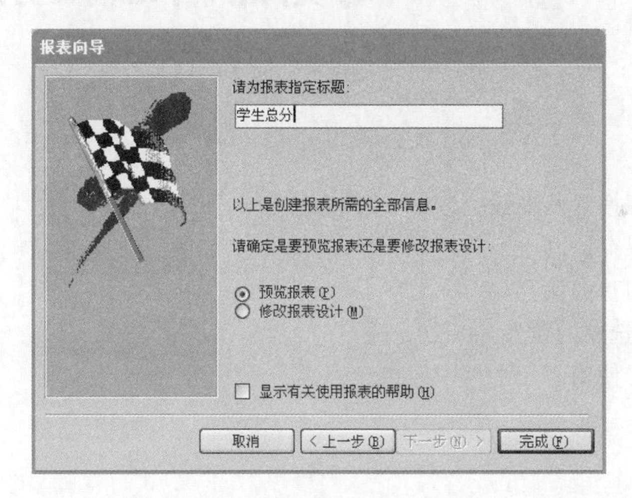

图 12-27　指定报表标题

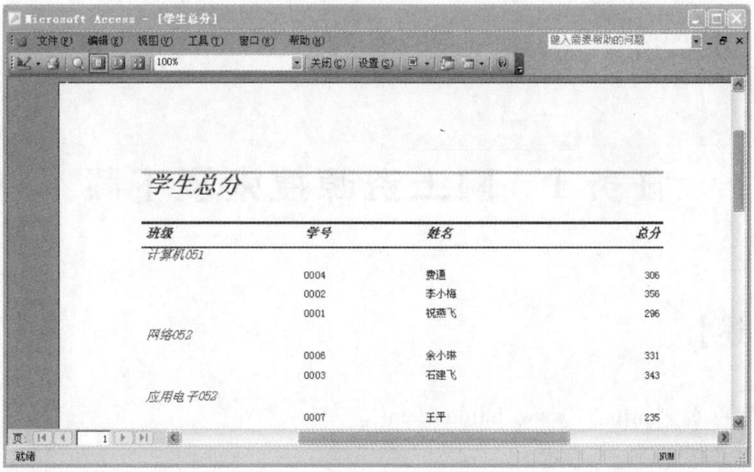

Microsoft Access - [学生总分]
文件(F) 编辑(E) 视图(V) 工具(T) 窗口(W) 帮助(H)
键入需要帮助的问题
100%
关闭(C)
设置(S)
学生总分
班级
学号
姓名
总分
计算机051
0004 费通 306
0002 李小梅 356
0001 祝燕飞 296
网络052
0006 余小琳 331
0003 石建飞 343
应用电子052
0007 王平 235
页:
就绪

图 12-28　创建的报表

实训 13

Internet Explorer 浏览器信息检索及应用

【实训目的】

1. 熟悉网上资源搜索及下载。
2. 掌握网页的保存。
3. 掌握网页中图片的保存。
4. 掌握 Internet 选项的设置。
5. 掌握收藏夹的使用。

【实训环境】

1. Windows XP 操作系统。
2. Internet Explorer 6.0。
3. 连接到 Internet。

任务 1　网上资源搜索及下载

【任务描述】

1. 打开百度首页“http://www.baidu.com”。
2. 搜索歌曲“忐忑”。
3. 将搜索到的歌曲保存到“D:\休闲”文件夹。

【操作步骤】

1. 单击任务栏上的 IE 图标（或双击桌面上的 IE 图标），在地址栏中输入网址 “http://www. baidu. com” 后按【Enter】键。

2. 单击百度页面中 “MP3” 处链接，在打开的页面搜索框中输入关键字 “忐忑”，单击 “百度一下” 按钮，如图 13-1 所示，弹出搜索结果页面，如图 13-2 所示。

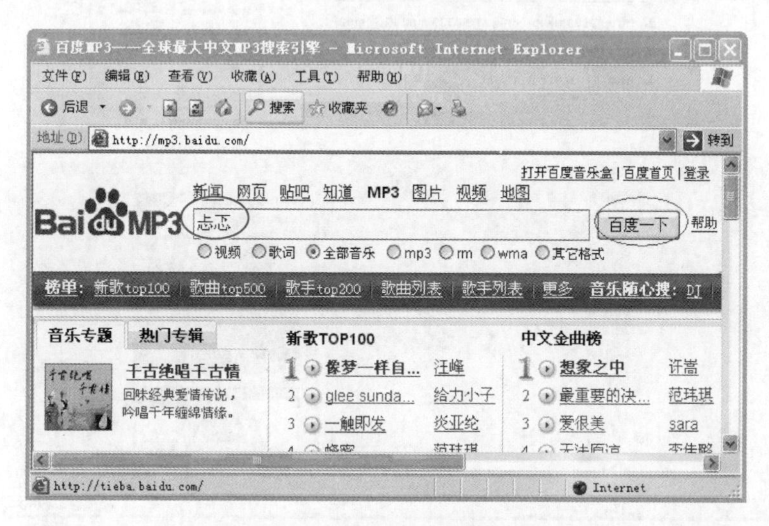

图 13-1　搜索歌曲

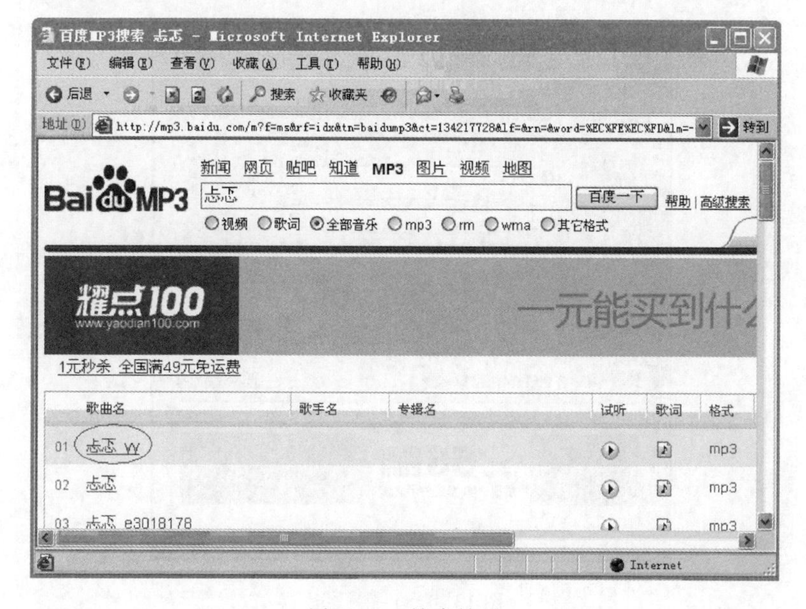

图 13-2　搜索结果

3. 单击其中任一歌曲名，弹出下载地址页面，单击其相应链接，如图 13-3 所示，弹出迅雷下载任务（已安装迅雷软件前提下，若未安装任何下载工具则出现保存对话框），如图 13-4 所示。将存储目录更改为“D:\休闲”，单击“确定”按钮。

歌曲名：忐忑
请点击此链接：
http://219.141.80.130/...e/mp3/2011/tante.mp3
其他歌曲来源：
1：http://zhangmenshiting.baidu.com/...246fea1a0
2：http://8988.ukapu.cn/.../3786339/mp3/忐忑.mp3
3：http://wazx.net/...oadfile/mp3/2011/tante.mp3
4：http://www.87kaisa.com/...话/忐忑-神秘豆.mp3
与百度MP3对话
喜欢此歌的人还喜欢：
百度提示，请您阅读
权利声明
开始游戏
Internet

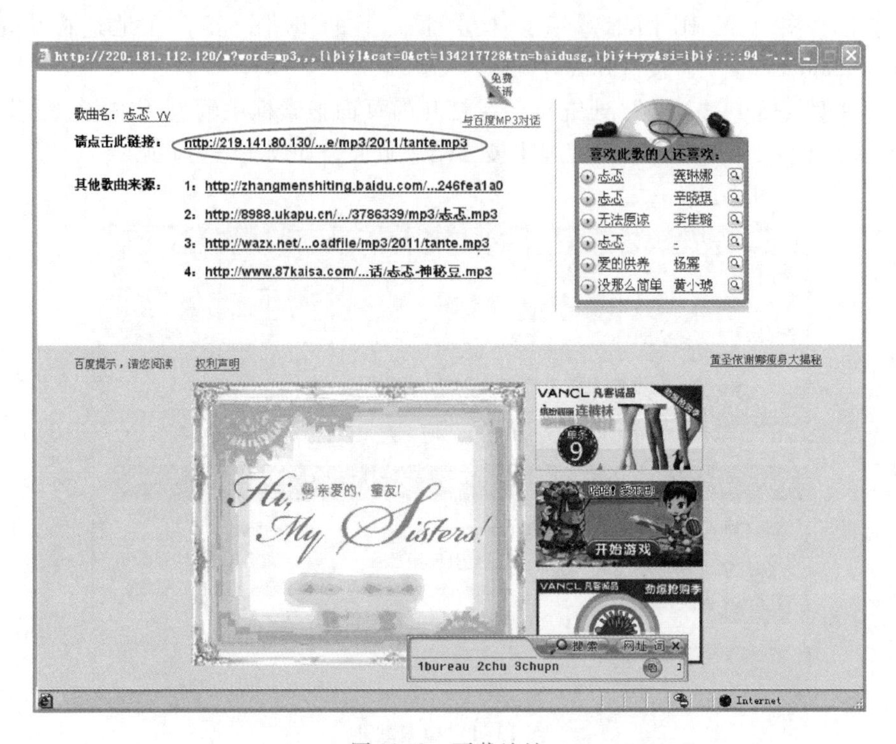

图 13-3　下载地址

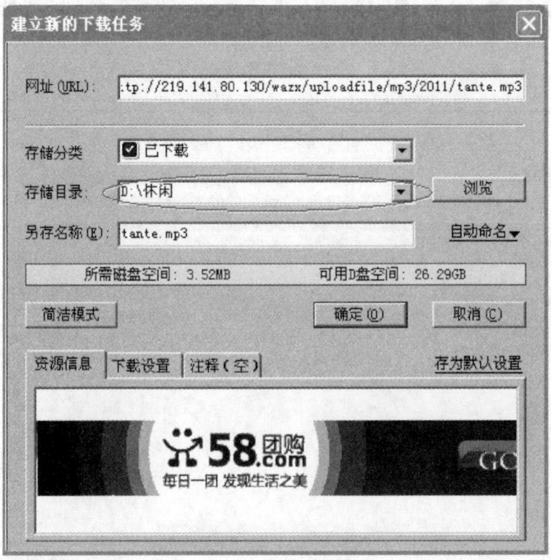

建立新的下载任务
网址(URL)：
tp://219.141.80.130/wazx/uploadfile/mp3/2011/tante.mp3
存储分类
已下载
存储目录：
D:\休闲
浏览
另存名称(E)：
tante.mp3
自动命名
所需磁盘空间：3.52MB
可用D盘空间：26.29GB
简洁模式
确定(O)
取消(C)
资源信息
下载设置
注释（空）
存为默认设置
58.com 团购
每日一团 发现生活之美

图 13-4　迅雷任务

任务2 网页保存

【任务描述】

1. 搜索“浙江省高校计算机等级考试”相关内容。

2. 将搜索到的百度百科网页保存到“D:\休闲”文件夹，文件名为“省计算机等级考试”，保存类型为“文本文件（*.txt）”。

【操作步骤】

1. 在IE地址栏中输入网址“http://www.baidu.com”后按【Enter】键。在搜索框中输入关键字“浙江省高校计算机等级考试”，单击“百度一下”按钮，弹出搜索结果页面。单击“浙江省高校计算机等级考试_百度百科”网页链接，如图13-5所示，打开“浙江省高校计算机等级考试_百度百科”网页。

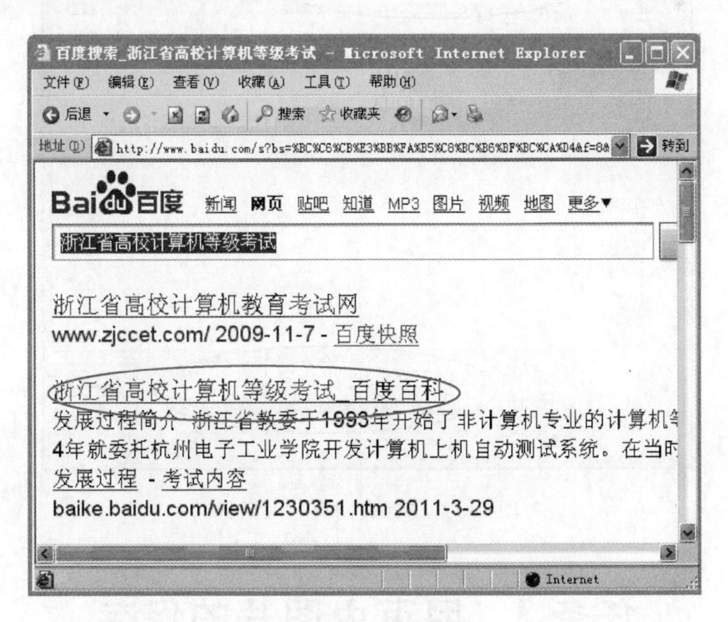

图13-5 新搜索结果

2. 选择菜单“文件”→“另存为”命令，如图13-6所示。弹出“保存网页”对话框，在“保存在”下拉列表框处选择“D:\休闲”，在“文件名”文本框中输入“省计算机等级考试”，“保存类型”选择“文本文件（*.txt）”，如图13-7所示，单击“保存”按钮。

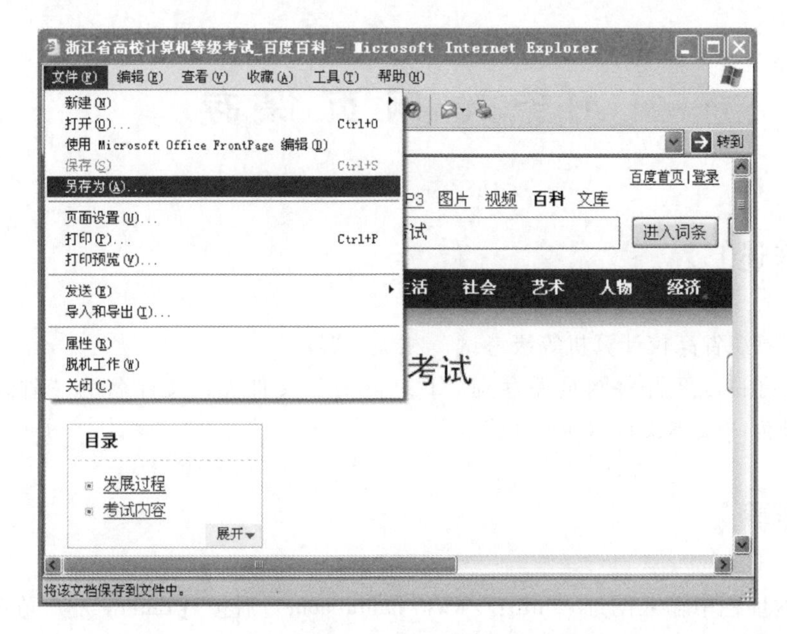

图 13-6 选择菜单

图 13-7 “保存网页”对话框

任务 3 网页中图片的保存

【任务描述】

将 logo-baike. gif 图片保存到“D:\休闲”，文件名为“百度图标”，保存类型为“位图

（ *. bmp）”。

【操作步骤】

将光标定位于页面的左上角图标处，单击鼠标右键，选择“属性”命令，如图 13-8 所示。弹出属性确认框，如图 13-9 所示，确认其名称为“logo-baike. gif”后，单击“确定”按钮。

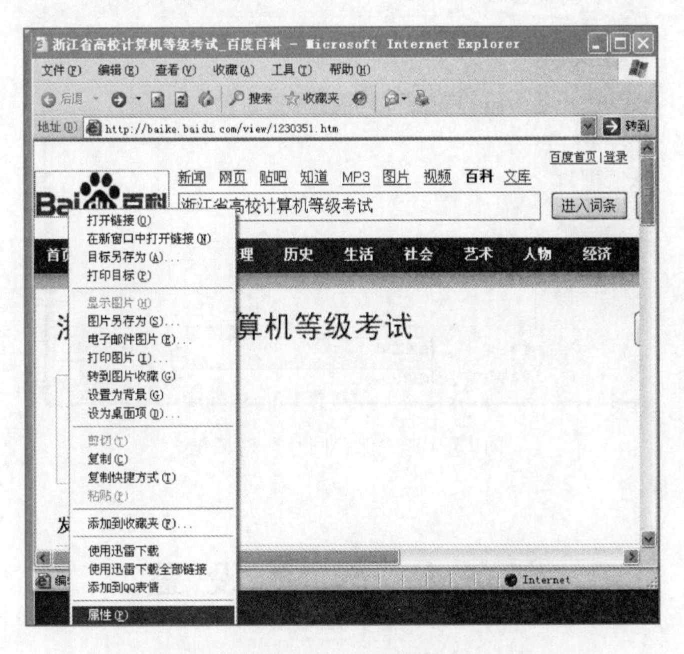

图 13-8　快捷菜单

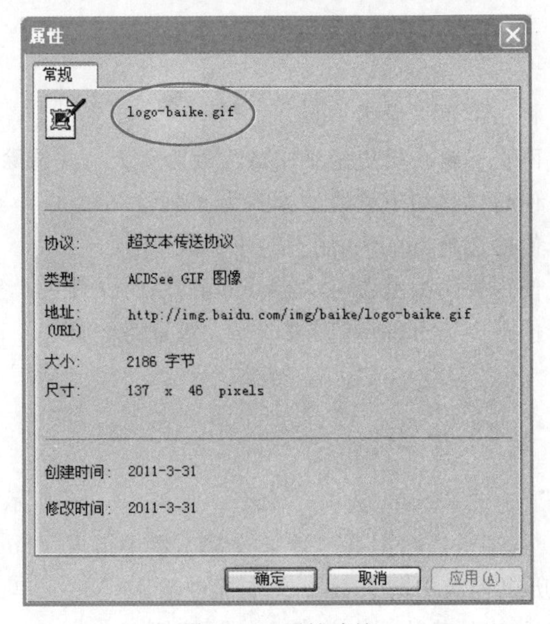

图 13-9　属性确认

将光标重定位于该图标处，单击鼠标右键，选择“图片另存为…”命令，在弹出的“保存图片”对话框中进行以下操作：在“保存在”下拉列表框处选择“D:\休闲”，在“文件名”文本框中输入“百度图标”，“保存类型”选择“位图（*.bmp）”，如图 13-10 所示，单击“保存”按钮。

图 13-10 “保存图片”对话框

任务 4 选项设置

【任务描述】

1. 设置 IE 浏览器，将百度首页设为主页。
2. 设置 IE 浏览器，网页保存在历史记录中的天数为 2 天，并清除所有的历史记录。
3. 设置 IE 浏览器，使得链接加下划线的方式为“悬停”。
4. 设置 IE 浏览器，使得浏览 Internet 网页时不播放声音。
5. 设置 IE 浏览器，使得关闭浏览器时清空 Internet 临时文件夹。
6. 设置 IE 浏览器，使得浏览 Internet 网页的安全级别为“高”。

【操作步骤】

1. 选择菜单“工具”→“Internet 选项”命令，如图 13-11 所示。弹出“Internet 选项”对话框，默认为“常规”选项卡，在主页“地址”文本框中输入“http://www.baidu.com”。

2. 在“网页保存在历史记录中的天数”文本框中输入“2”，单击“清除历史记录”按钮，如图 13-12 所示，在弹出的确认框中单击“是”按钮。

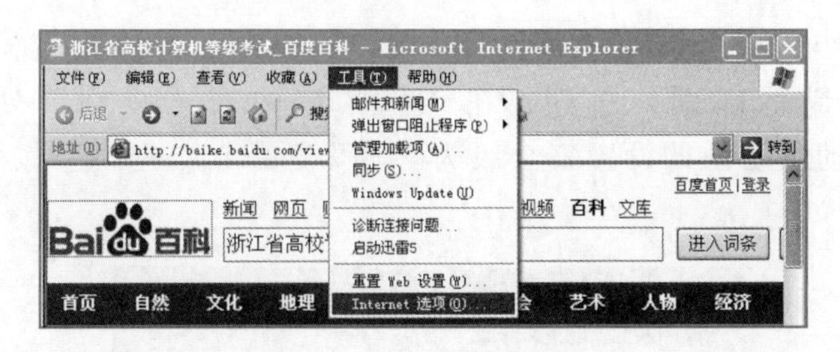

图 13-11 “Internet 选项…” 命令

3. 单击“高级”选项卡，在“给链接加下划线”处选择“悬停”，如图 13-13 所示。

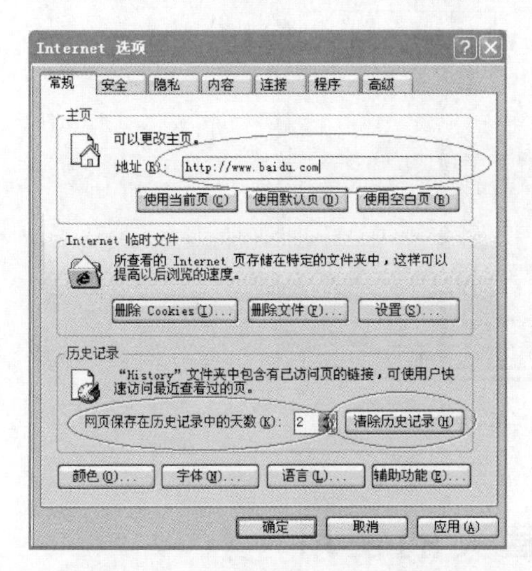

图 13-12 “Internet 选项”对话框

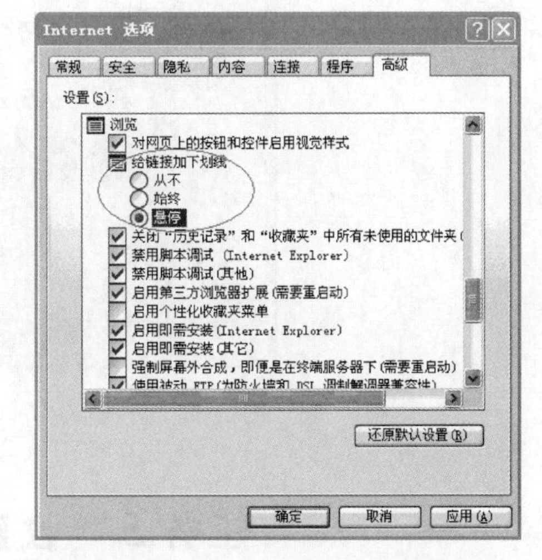

图 13-13 “Internet 选项”高级选项设置 1

4. 取消选中“播放网页中的声音”复选框，如图 13-14 所示。
5. 选中“安全”下的“关闭浏览器时清空 Internet 临时文件夹”复选框，如图 13-15 所示。

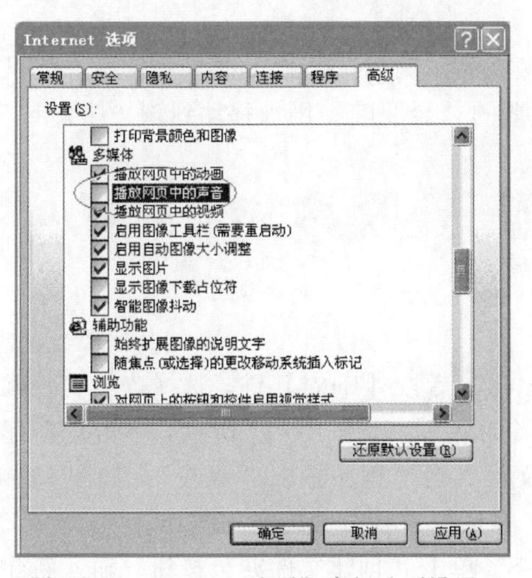

图 13-14 “Internet 选项”高级选项设置 2

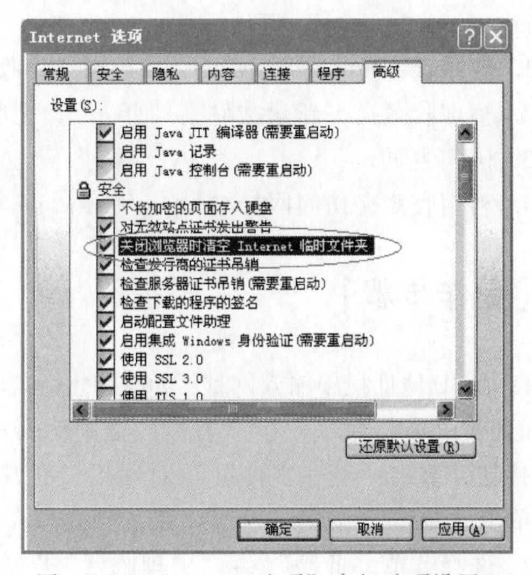

图 13-15 “Internet 选项”高级选项设置 3

6. 单击“安全”选项卡，在“请为不同区域的 Web 内容指定安全设置”处选择“Internet”，单击“默认级别”按钮，在“该区域的安全级别”处出现滚动条，如图 13-16 所示，拖动滚动条，设置安全级为“高”，单击“应用”按钮后，再单击“确定”按钮。

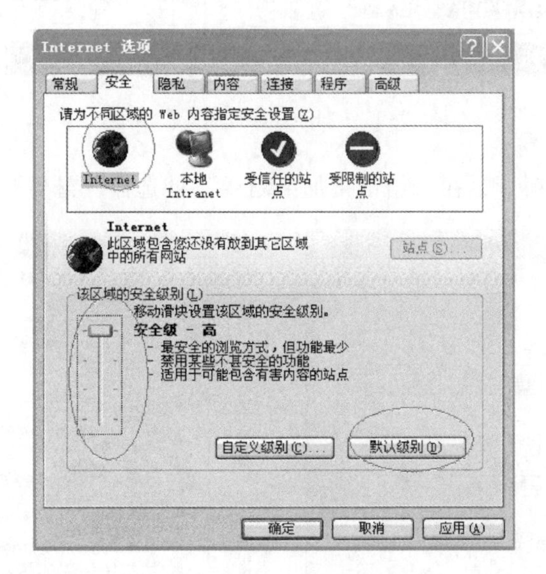

图 13-16 安全级别

任务 5 收藏夹的使用

【任务描述】

1. 把网址“http://www.jhc.cn”添加到收藏夹的“高校”文件夹中，命名为“金职院”。
2. 整理收藏夹，新建文件夹“学习”，把收藏的“金职院”网址移动到该文件夹下。
3. 访问主页。
4. 利用收藏夹访问网址“http://www.jhc.cn”。

【操作步骤】

1. 在 IE 地址栏中输入网址“http://www.jhc.cn”后按【Enter】键。选择菜单“收藏”→“添加到收藏夹”命令，在“名称”框中输入“金职院”，如图 13-17 所示。单击“新建文件夹”按钮，弹出“新建文件夹”对话框，在“文件夹名”框中输入“高校”，如图 13-18 所示，单击“确定”按钮。返回“添加到收藏夹”对话框，单击“确定”按钮。

2. 选择菜单“收藏”→“整理收藏夹”命令，单击“创建文件夹”按钮，输入新建文件夹名“学习”，如图 13-19 所示。选中“高校”文件夹下的“金职院”文件，单击“移至文件夹”按钮，弹出“浏览文件夹”对话框，选中“学习”文件夹，单击“确定”按钮，如图 13-20 所示。

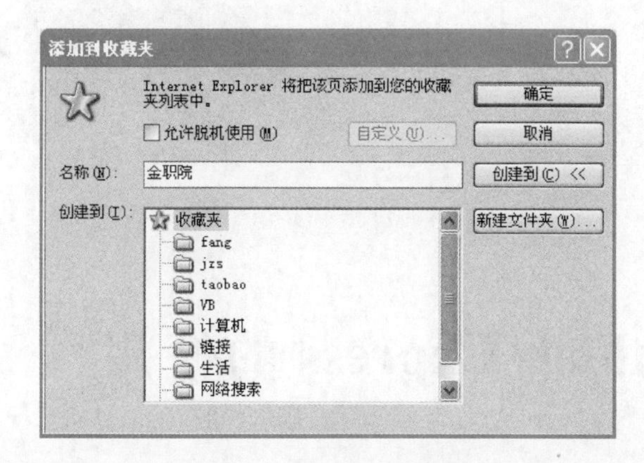

图 13-17　添加到收藏夹

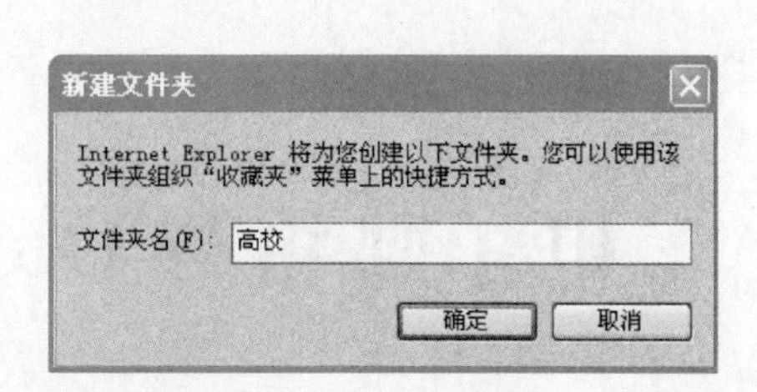

图 13-18　新建文件夹

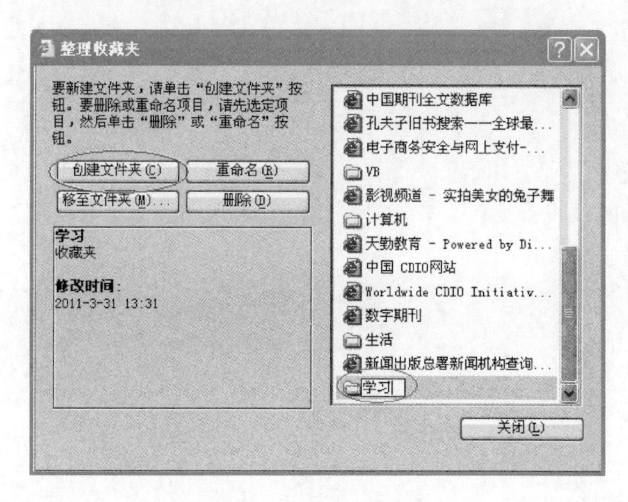

图 13-19　整理收藏夹

图 13-20　浏览文件夹

3. 单击 IE 工具栏按钮，即可访问主页。

4. 打开“收藏”菜单，选择“学习”文件夹下的“金职院”选项，即可访问网页“http://www.jhc.cn”。

实训 14

电子邮箱与 Outlook Express 的使用

【实训目的】

1. 熟悉免费电子邮箱的申请。
2. 掌握电子邮箱的使用。
3. 掌握 Outlook Express 的账户设置。
4. 掌握 Outlook Express 中 E-mail 的收发。
5. 掌握 Outlook Express 的选项设置。

【实训环境】

1. Windows XP 操作系统。
2. Outlook Express。
3. 本书配套光盘中的“实训 14”素材。

任务 1　申请免费电子邮箱

【任务描述】

申请并开通一个网易 126 免费电子邮箱。

【操作步骤】

在 IE 地址栏中输入网易 126 邮箱网址“http://www.126.com”，单击页面右下角的“立即注册”链接，如图 14-1 所示，进入注册页面，如图 14-2 所示。

图 14-1　126 邮箱登录及注册链接页面

创建您的帐号
用户名：* jisuanjishixun 检测
请选择您想要的邮箱帐号：
jisuanjishixun@163.com (可以注册)
jisuanjishixun@126.com (可以注册)
jisuanjishixun@yeah.net (可以注册)
·享受升级服务，推荐注册手机号码@163.com>>
·抢注！数字靓号，短账号（付费）>>
密　码：* ••••••••••••
6~16个字符（字母、数字、特殊符号），区分大小写
密码强度：弱 强
再次输入密码：* ••••••••••••
安全信息设置 （以下信息非常重要，请慎重填写）
密码保护问题：* 您的出生地是?
密码保护问题答案：*

图 14-2　126 邮箱注册页面

单击“用户名”处文本框，按页面提示输入用户名，单击“检测”按钮，如果填写的用户名有效，会生成相应的可注册邮箱，否则应使用其他用户名。

按页面提示要求逐项填写，直至带“ * ”的项目全部填写完毕。密码宜使用字母和数字的组合，在“服务条款”处需勾选“我已阅读并接受‘服务条款’和‘隐私保护和个人信息利用政策’”，单击“创建账号”按钮，如图 14-3 所示。

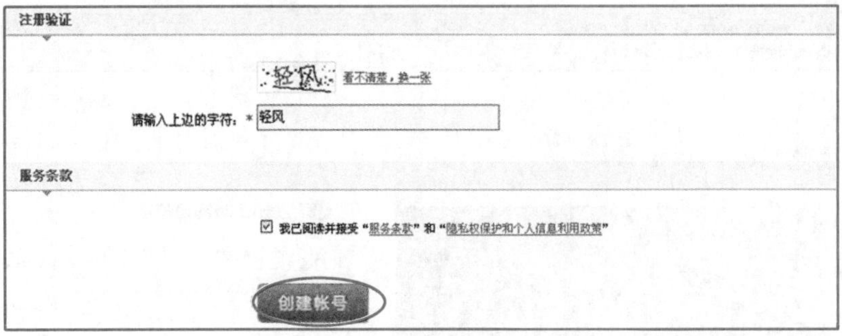

图 14-3 126 邮箱账号创建页面

如果注册信息不满足注册要求，则停留在原页面，且跳转至出错位置，这时需按提示要求修改，修改完成后单击“换一个校验码”按钮，再输入相应校验码字符。在如图 14-4 所示的注册确认页面，输入图中字符，单击“确定”按钮，最终完成 126 邮箱注册。输入内容全部满足注册要求，将会出现“注册成功”提示，如图 14-5 所示。

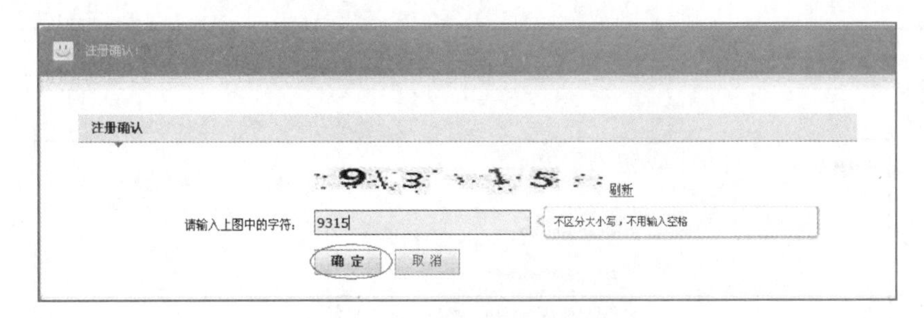

图 14-4 126 邮箱注册确认页面

图 14-5 126 邮箱注册成功提示

任务 2 电子邮箱的使用

【任务描述】

进入新申请的网易 126 邮箱，两个同学为一组，互发一张明信片，祝福语为“我申请了一个新的电子邮箱，有事常联系，祝你开心。”。

【操作步骤】

返回“http://www.126.com”页面，输入注册的用户名和密码，单击“登录”按钮或按【Enter】键，进入邮箱使用页面。

单击页面左上方的“写信”按钮，单击“明信片”按钮，如图14-6所示。

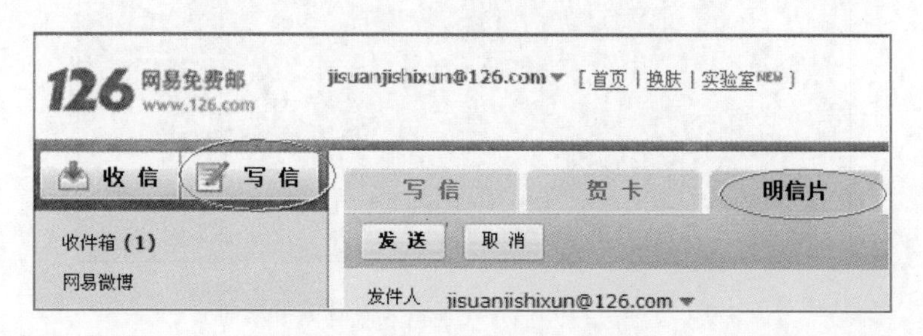

图14-6 126邮箱明信片写信页面

选择明信片类型，单击选择一种明信片类型，如选择系统默认类型，如图14-7所示。

图14-7 126邮箱明信片类型选择页面

在“收件人”栏中输入同学的邮箱地址：用户名@邮件服务器域名，如“zhangsan@126.com”，祝福语为“我申请了一个新的电子邮箱，有事常联系，祝你开心。”，如图14-8所示。

单击下方“发送”按钮即可将明信片发送到对方，并提示发送成功，如图14-9所示。

图 14-8 126 邮箱明信片祝福语填写页面

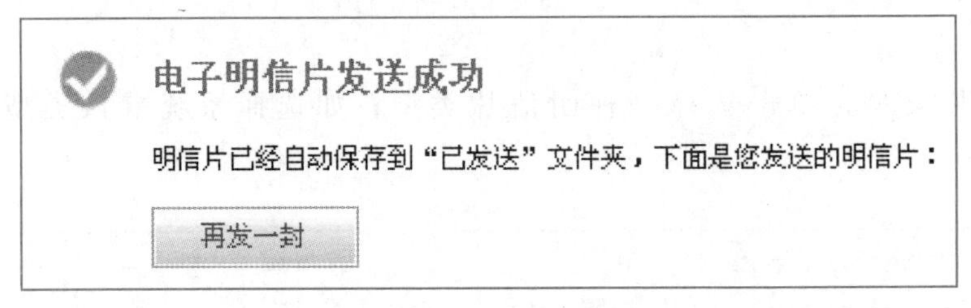

图 14-9 126 邮箱明信片发送成功页面

任务 3 Outlook Express 的账户设置

【任务描述】

删除 Outlook Express 中已有邮件账号，添加任务 1 中申请的邮箱账号。

【操作步骤】

双击桌面上的或单击任务栏上的 Outlook Express 图标，打开 Outlook Express（若桌面上和任务栏上都没有相应图标，可选择开始菜单“开始”→“程序”→“Outlook Express”命令打开）。

选择菜单“工具”→“账户”命令，打开账户设置窗口。

单击“邮件”选项卡，若该选项卡中已有邮件账号，则选中后单击“删除”按钮，直至该选项卡内无邮件账号为止，单击右侧“添加”按钮，选择“邮件”命令，如图 14-10 所示。

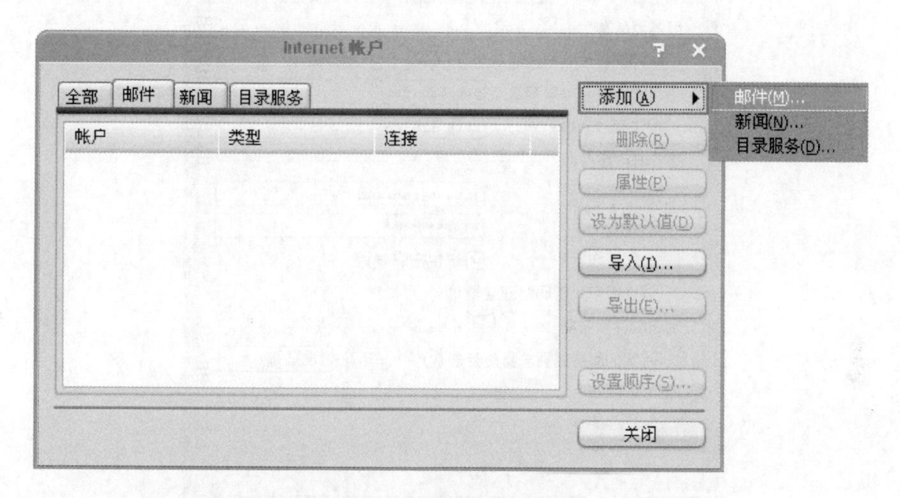

图 14-10　账户管理窗口

根据提示，在弹出的对话框中输入显示名。单击“下一步”按钮，输入任务 1 中申请的电子邮件地址，单击“下一步”按钮，输入邮箱的 POP3 和 SMTP 服务器地址，其中 POP3 服务器地址为“pop. 126. com”，SMTP 服务器地址为“smtp. 126. com”，如图 14-11 所示。单击“下一步”按钮，输入你的账户名及密码，单击“下一步”按钮，单击“完成”按钮完成设置。

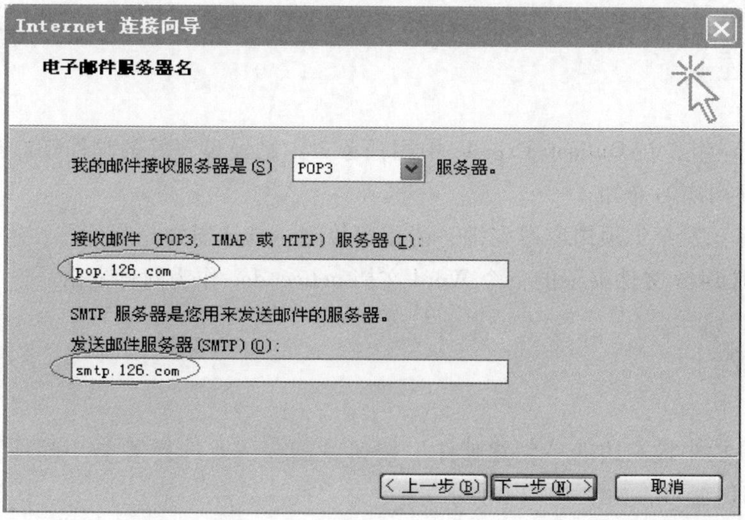

图 14-11　电子邮件服务器设置页面

双击上面设置的账户，在打开的属性设置窗口中选择“服务器”选项卡，勾选“我的服务器需要身份验证”，如图 14-12 所示，此步骤有些网站的免费邮箱账户不需设置，根据具体邮件服务器要求而定，单击“确认”按钮返回。

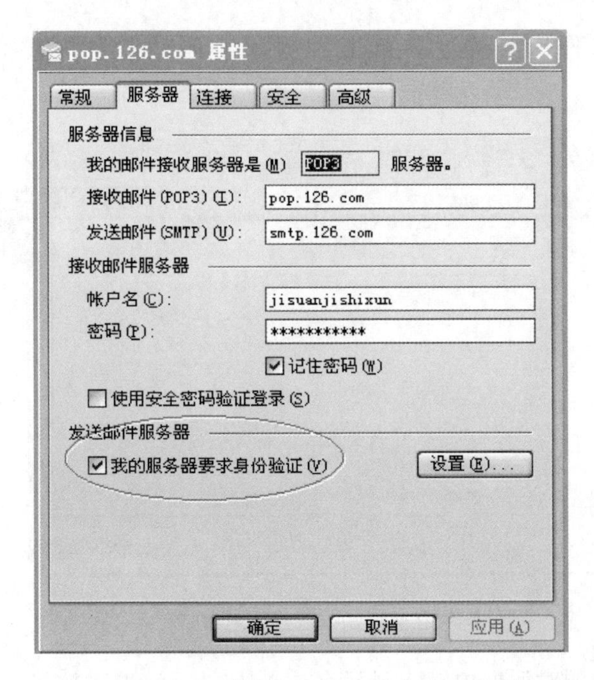

图 14-12 电子邮件服务器身份验证设置页面

任务 4 Outlook Express 中 E-mail 的收发

【任务描述】

两个同学为一组，在 Outlook Express 中用任务 3 中已经设置好的邮件账户互发一封邮件。

1. 主题：顶岗实习通知。
2. 邮件内容：发今年顶岗实习安排，请相互传阅。具体通知见附件。
3. 将“实训 14”文件夹下的一个 Word 文档 notice. doc 作为附件发出。

【操作步骤】

1. 单击工具栏中最左边的“创建邮件”按钮或选择菜单“邮件”→“新邮件”命令，打开新邮件窗口，如图 14-13 所示。

在“新邮件”窗口中按任务要求填写收件人邮件地址及主题“顶岗实习通知”，并在该窗口下半部的文档区中输入邮件内容“发今年顶岗实习安排，请相互传阅。具体通知见附件。”

选择菜单“插入”→“附件”命令或单击工具栏中的按钮，在“插入附件”对话框中选择“实训 14”文件夹下的文件“notice. doc”，单击按钮即可。

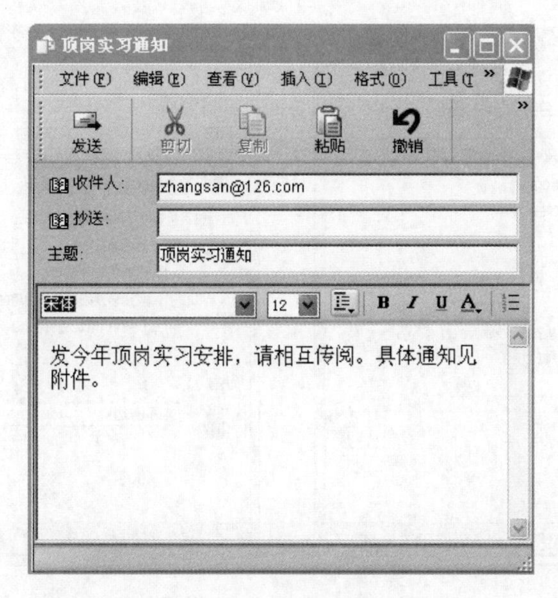

图 14-13　电子邮件创建设置页面

其中，“格式”菜单中的“编码”命令中使用“简体中文（GB2312）”项。邮件发送格式为“多信息文本（HTML）”。

2. 单击“新邮件”工具栏上的“发送”按钮发送邮件。

任务 5　Outlook Express 的选项设置

【任务描述】

1. 设置“每隔 10 分钟检查一次新邮件”。
2. 设置“每次发送前自动检查拼写”。
3. 设置“在邮件发送格式中，允许在标头中使用八位编码”。
4. 设置“对所有待发邮件的内容和附件进行加密”。

【操作步骤】

1. 在 Outlook Express 窗口中，选择菜单“工具”→“选项”命令，在弹出的对话框中选择“常规”选项卡，在选项“每隔 30 分钟检查一次新邮件”中的时间调整文本框中输入“10”，如图 14-14 所示，单击“应用”按钮。

2. 在对话框中选择“拼写检查”选项卡，选中“每次发送前自动检查拼写”复选框，如图 14-15 所示，单击“应用”按钮。

图 14-14 Outlook Express“常规”选项设置页面

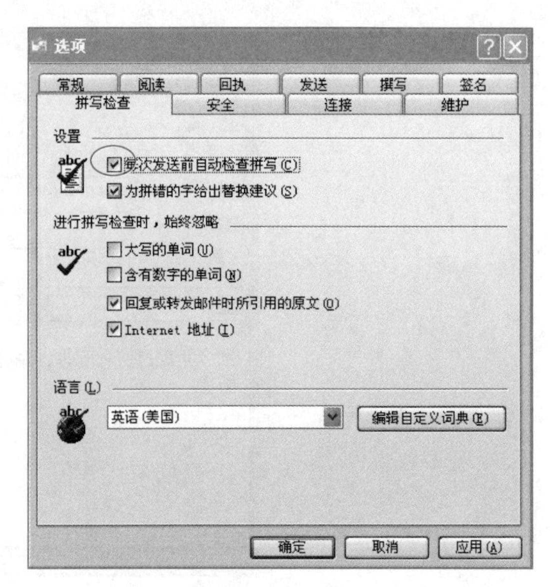

图 14-15 Outlook Express“拼写检查”选项设置页面

3. 在对话框中选择“发送”选项卡，单击“HTML 设置”按钮，如图 14-16 所示。在弹出的“HTML 设置”对话框中，选中“允许在标头中使用八位编码”复选框，如图 14-17 所示。单击“确定”按钮返回选项设置对话框，单击选项对话框的“应用”按钮。

图 14-16 Outlook Express“发送”选项设置页面

4. 在对话框中选择“安全”选项卡，选中“对所有待发邮件的内容和附件进行加密”复选框，如图 14-18 所示，单击“应用”按钮后单击“确定”按钮。

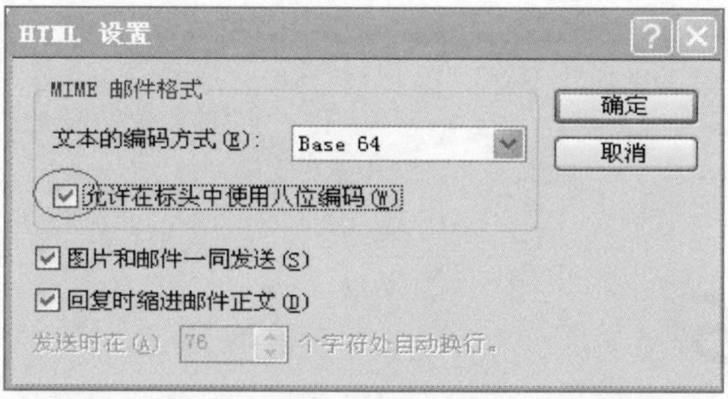

HTML 设置

MIME 邮件格式

文本的编码方式(E): Base 64

允许在标头中使用八位编码(W)

图片和邮件一同发送(S)

回复时缩进邮件正文(D)

发送时在(A) 76 个字符处自动换行。

确定

取消

图 14-17 Outlook Express“允许在标头中使用八位编码”选项设置页面

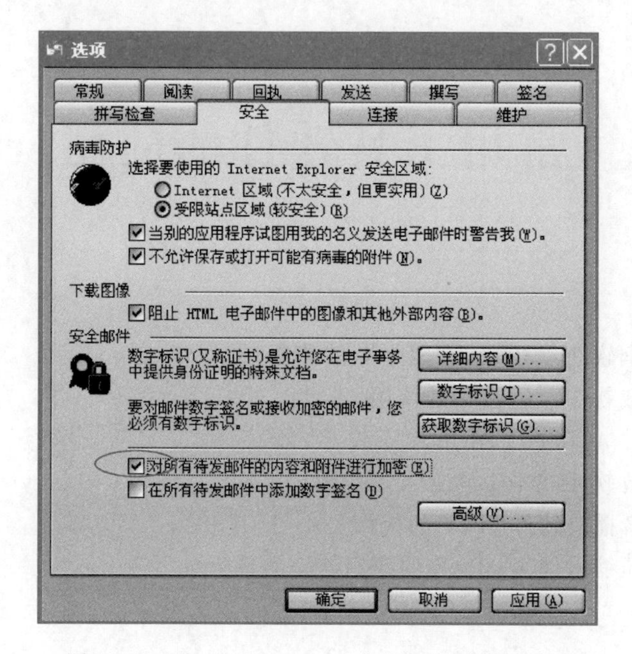

图 14-18 Outlook Express“安全”选项设置页面

实训 15

常用工具软件的使用

【实训目的】

1. 熟悉上网安全软件“360 安全卫士”的使用。
2. 熟悉常用下载软件“迅雷”的使用。
3. 熟悉看图软件 ACDSee 的使用。
4. 熟悉歌曲播放软件“千千静听”的使用。
5. 熟悉在线影音播放软件 PPTV 的使用。
6. 掌握压缩解压缩软件 WinRAR 的使用。

【实训环境】

1. Windows XP 操作系统。

2. 360 安全卫士 7.6、迅雷 7.1.6、ACDSee10.0、千千静听 5.7、PPTV2.7.0.0038、WinRAR。

3. 本书配套光盘中的“实训 15”素材。

任务 1　上网安全软件“360 安全卫士”的使用

【任务描述】

打开 360 安全卫士，进行以下操作：

1. 检测计算机系统的整体性能。

2. 查杀计算机系统中的木马。
3. 清理计算机系统中的恶意插件。
4. 修复计算机系统中存在的漏洞。
5. 清理计算机系统中存在的垃圾。
6. 清理计算机系统中的使用痕迹。
7. 修复计算机系统中的浏览器主页、开始菜单等存在的问题。

【操作步骤】

1. 启动 360 安全卫士，单击“电脑体检”选项卡，对电脑的整体安全性能进行检测，并给出评分，提醒用户修复某些安全隐患。“电脑体检”增加一键修复功能，单击一个按钮即可自动修复大多数问题，操作简单且无需用户干预。图 15-1 是某计算机“电脑体检”检测出现的问题。

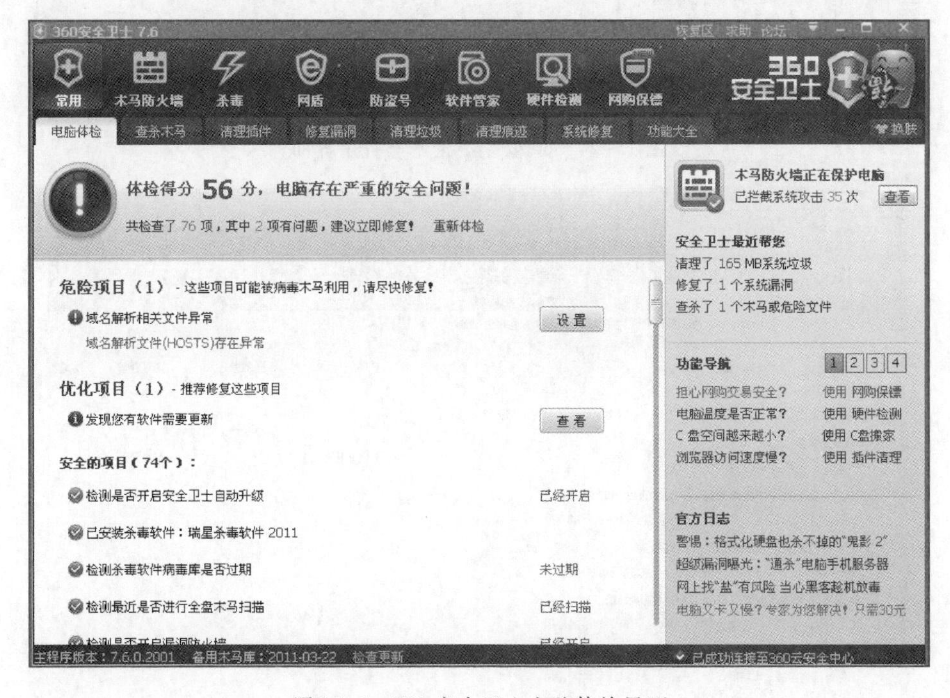

图 15-1　360 安全卫士电脑体检界面

2. 在 360 安全卫士中，单击“查杀木马”选项卡，系统提供“快速扫描”、“全盘扫描”和“自定义扫描”3 种扫描方式，用户根据实际需要选择其中一种，对电脑的系统内存、全部磁盘等进行木马查杀，图 15-2 是某计算机查杀木马界面。查杀木马完成后显示已发现的危险项，用户可根据需要选择右下角的“立即处理”或“暂不处理”。

3. 在 360 安全卫士中，单击“清理插件”选项卡，单击“开始扫描”按钮，根据系统给出的评分、好评率、恶评率管理电脑中的插件，提升系统速度。单击“立即清理”，可清除选中的插件，图 15-3 显示了某计算机的扫描结果。

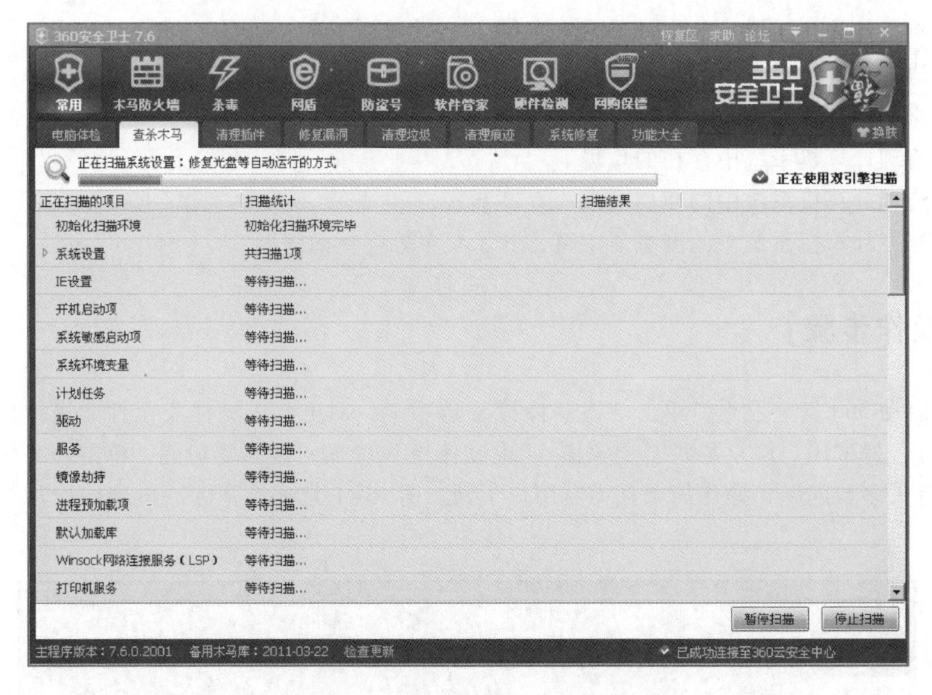

图 15-2 360 安全卫士木马查杀界面

图 15-3 360 安全卫士插件清理界面

4. 在 360 安全卫士中，单击“修复漏洞”选项卡，修复漏洞可避免黑客利用系统漏洞，通过植入木马、病毒等方式攻击或控制整个电脑，从而窃取电脑中的重要资料和信息或破坏系统。图 15-4 显示了某计算机的检测结果，选中需要修复的补丁项，单击右下角的“立即修复”按钮进行修复。

图 15-4　360 安全卫士漏洞修复界面

5. 在 360 安全卫士中，单击“清理垃圾”选项卡，通过清理系统垃圾来提升系统运行速度，增加系统可用空间，图 15-5 显示了某计算机的系统垃圾扫描界面。

图 15-5　360 安全卫士垃圾清理界面

6. 在 360 安全卫士中，单击“清理痕迹”选项卡，可以清理使用电脑所留下的痕迹，清理使用痕迹可以保护用户隐私。选择需清理项，单击右下角的“开始扫描”按钮即可开始清

理。图 15-6 是某计算机扫描时的界面，扫描完成后，单击右下角的“立即清理”按钮清理选中的痕迹。

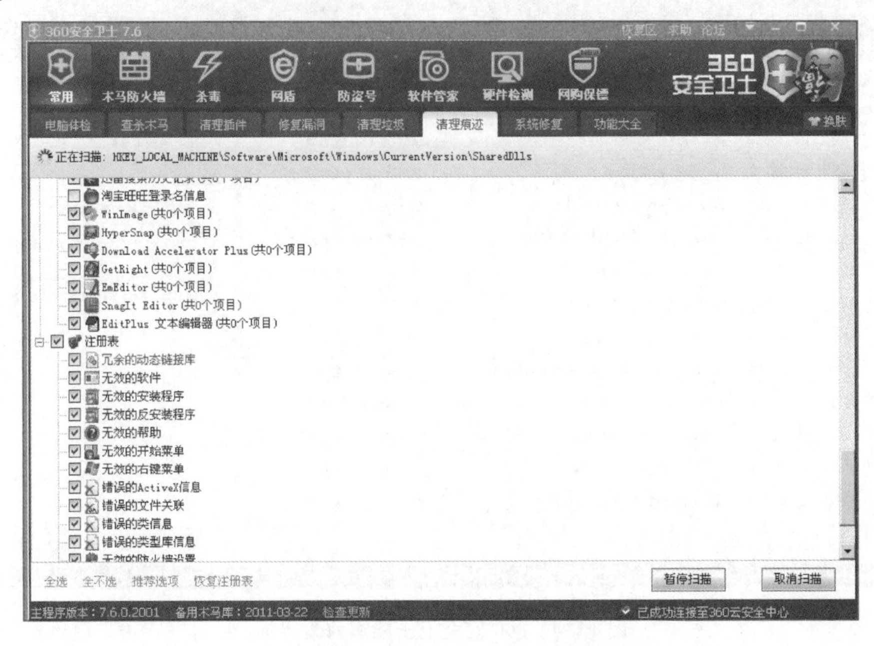

图 15-6 360 安全卫士痕迹清理界面

7. 在 360 安全卫士中，单击“系统修复”选项卡，可以修复浏览器主页、开始菜单、桌面图标、文件夹、系统设置等被恶意篡改的问题。单击“开始扫描”按钮，即可对系统项目进行检测，图 15-7 是某计算机扫描时的界面，扫描完成后可通过单击右下角“一键修复”按钮对系统进行修复。

图 15-7 360 安全卫士系统修复界面

任务2 常用下载软件“迅雷”的使用

【任务描述】

启动迅雷下载软件，下载 mp3 歌曲“荷塘月色”。

1. 启动迅雷下载软件。
2. 打开 IE 浏览器，找到需要下载的歌曲文件。
3. 使用迅雷下载软件进行下载。

【操作步骤】

1. 选择开始菜单“开始”→“程序”→“迅雷软件”→“迅雷 7”→“启动迅雷 7”命令，可以启动迅雷下载软件。关闭迅雷下载软件窗口，桌面的右上角会显示如图 15-8 的图标，下载文件时迅雷会自动打开下载界面。

图 15-8 迅雷下载图标

2. 打开 IE 浏览器，搜索要下载的音乐文件“荷塘月色”，如图 15-9 所示。

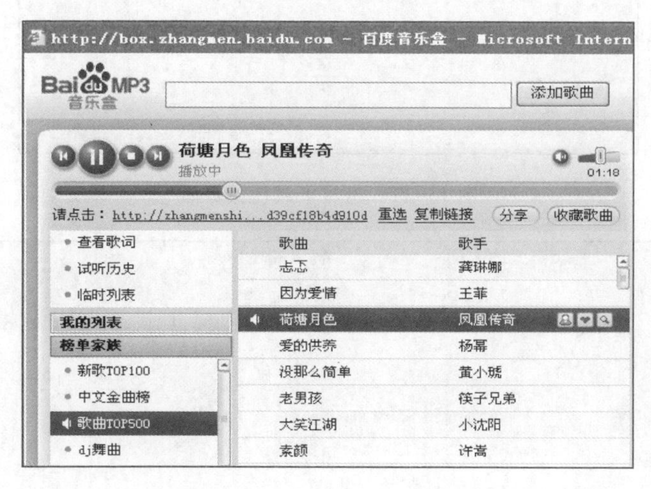

图 15-9 音乐文件寻找页面

3. 右键单击需要下载的音乐文件，选择“使用迅雷下载”，如图 15-10 所示。迅雷软件会自动弹出如图 15-11 所示的界面，选择音乐文件保存的路径，单击“立即下载”按钮下载歌曲文件。

文件下载结束后，可在迅雷软件的打开界面上找到相应的文件，如图 15-12 所示。

图 15-10 迅雷下载快捷方式

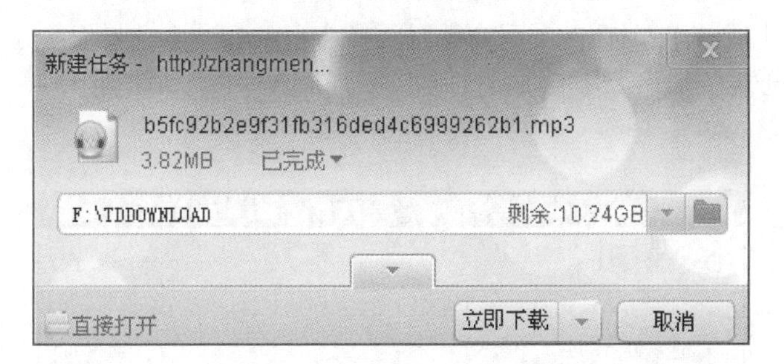

图 15-11 迅雷下载任务页面

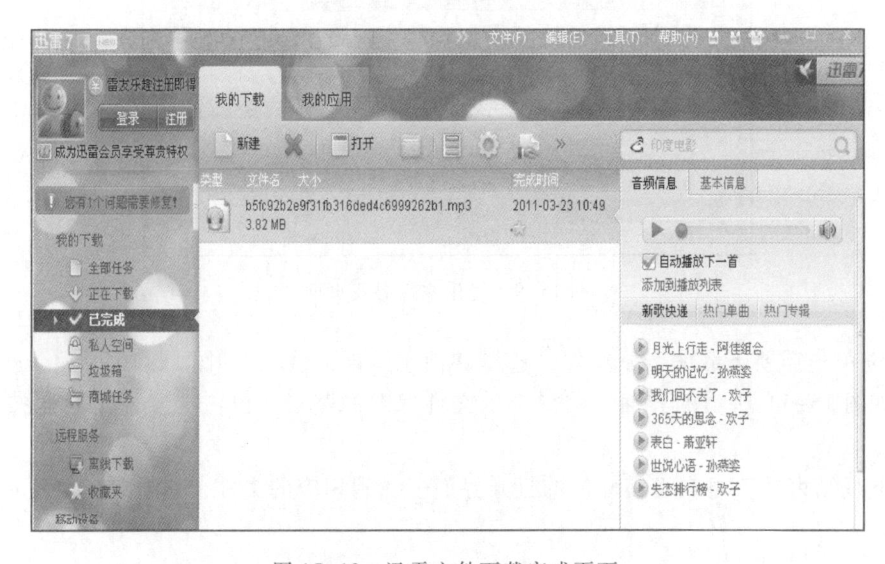

图 15-12 迅雷文件下载完成页面

任务3　看图软件 ACDSee 的使用

【任务描述】

启动看图软件 ACDSee，进行以下操作：

1. 切换 ACDSee 的浏览模式。
2. 打开光盘中“实训 15 \ pic”文件夹，切换 ACDSee 的文件显示方式。
3. 在 ACDSee 中将“实训 15 \ pic”文件夹中的“03. jpg”图片向右旋转 90 度。
4. 将“01. jpg”图片大小调整宽度为 900 像素、高度为 600 像素（不保持纵横比）。
5. 将“01. jpg”图片亮度调整至你所喜欢的程度。

【操作步骤】

1. 启动 ACDSee 后通常处于文件浏览状态，如图 15-13 所示，这种模式便于预览文件夹中的多幅图片。如需显示单张图片，可以双击选中的图片，即可进入如图 15-14 所示的单张图片浏览模式。在单张图片浏览模式中，可以通过或图标浏览上一张或下一张图片。

图 15-13　ACDSee 多图浏览界面

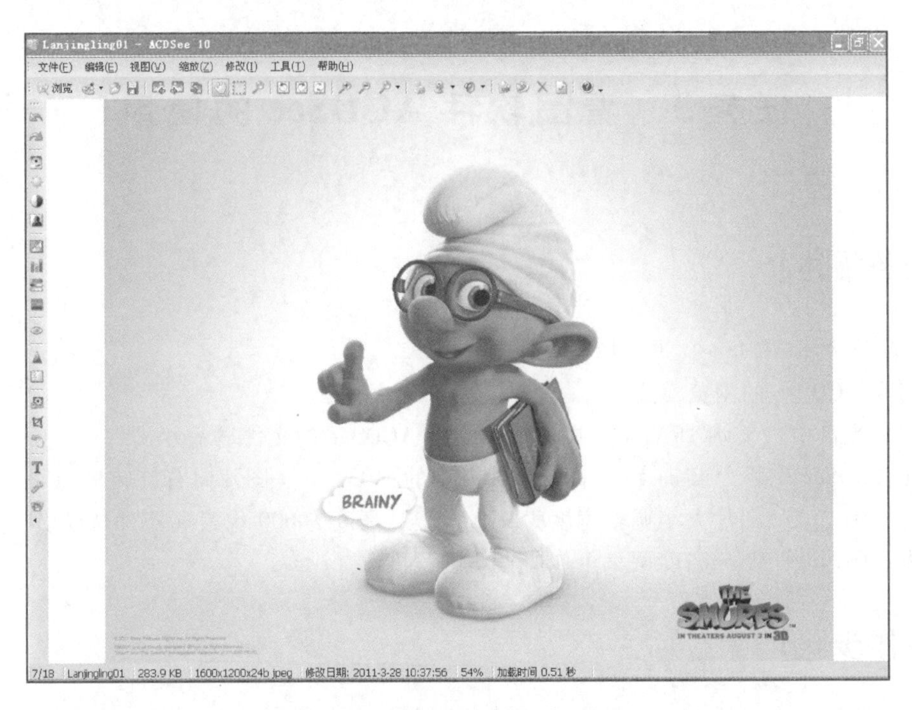

图 15-14 ACDSee 单图显示界面

2. 在 ACDSee 中，打开光盘中“实训 15 \ pic”文件夹，选择“查看”下拉菜单切换文件图片显示方式，如图 15-15 所示。

图 15-15 ACDSee 图片切换显示方式

3. 在 ACDSee 中，选中“实训 15 \ pic”文件夹中的“03. jpg”图片并双击，进入单张图片浏览模式。选择菜单“修改”→“旋转/翻转”命令，如图 15-16 所示，在弹出的如图 15-17 对话框中选择操作，或使用工具栏进行快捷操作，方法是单击 ACDSee 工具栏中向右旋转 90 度的按钮，“03. jpg”图片即向右旋转 90 度，单击按钮保存该图片。

图 15-16　ACDSee 图片“旋转/翻转”命令

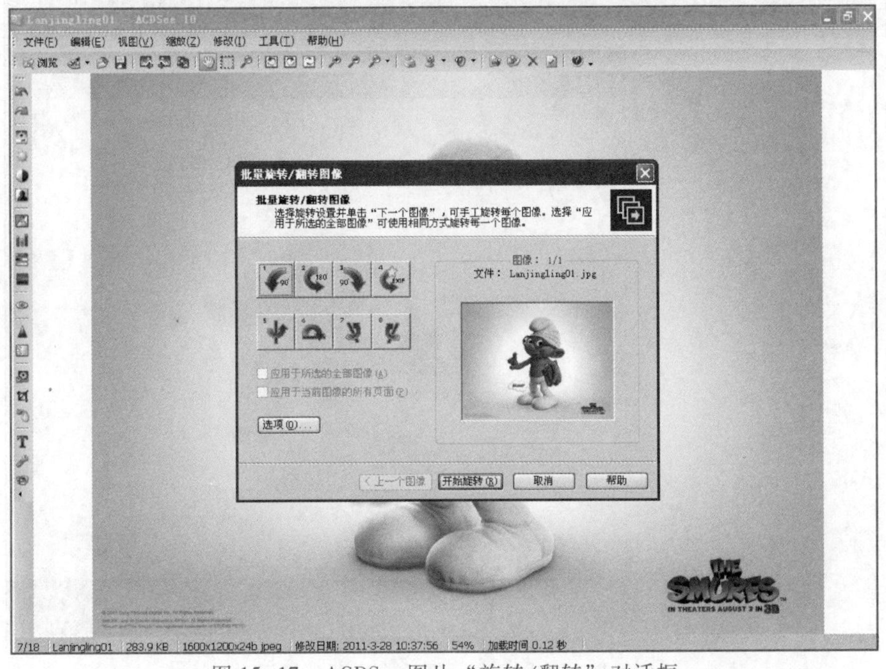

图 15-17　ACDSee 图片“旋转/翻转”对话框

4. 接连单击按钮两次，显示“01. jpg”图片，修改其大小，选择菜单“修改”→“调整大小”命令，如图 15-18 所示。弹出的调整大小窗口如图 15-19 所示，只需在左边“调整大小”窗格中按任务要求修改相应设置项即可，应先取消选中左边“调整大小”窗格中的“保持纵横比”复选框。

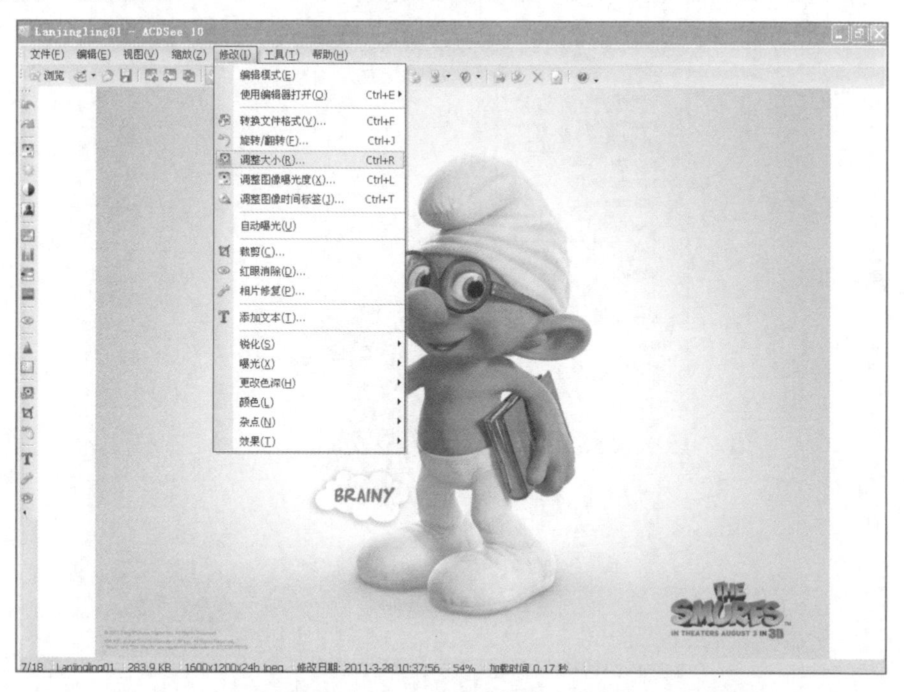

图 15-18 ACDSee 图片切换显示方式

图 15-19 ACDSee 图片大小调整界面

5. 要更改图片的亮度，可以选择菜单“修改”→“调整图片曝光度”命令，如图 15-20 所示，在弹出的如图 15-21 窗口中对“曝光”、“对比度”、“填充光线”等选项进行设置。

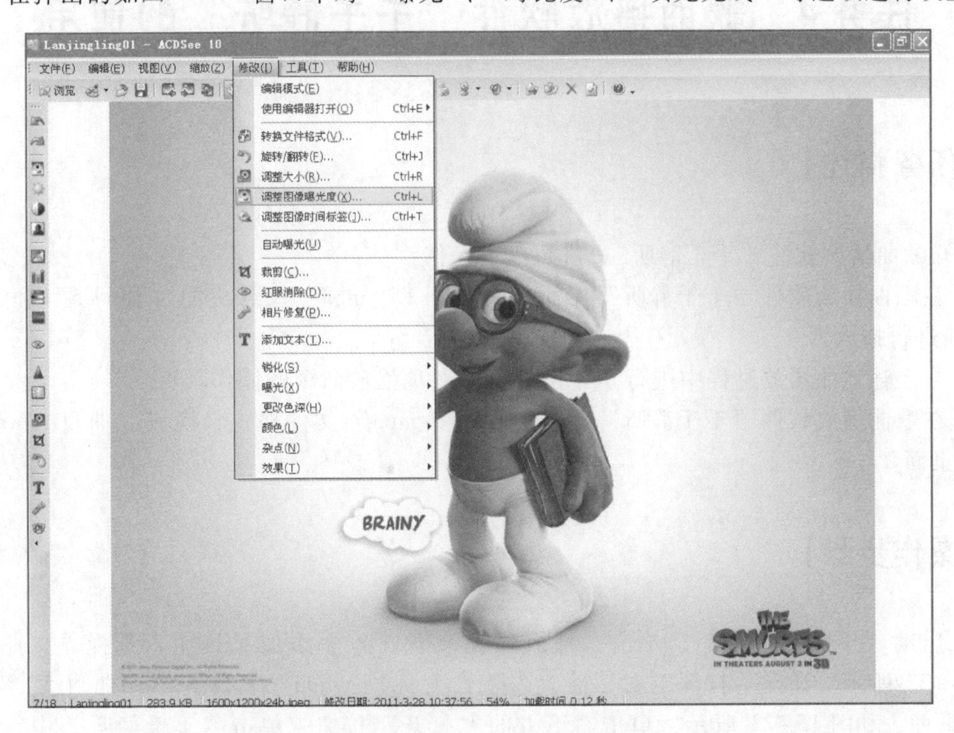

图 15-20　ACDSee 图片“调整图片曝光度”命令

图 15-21　ACDSee 图片“调整图片曝光度”对话框

任务 4 歌曲播放软件“千千静听”的使用

【任务描述】

打开歌曲播放软件“千千静听”，进行以下操作：

1. 在歌曲播放软件“千千静听”中添加“实训 15 \ mp3”文件夹中“曲目 5”和“曲目 6”歌曲进行播放。

2. 在上述歌曲播放过程中进行“千千静听”各项播放命令的操作。

3. 在歌曲播放软件“千千静听”中将“曲目 5. mp3”文件格式转换成“曲目 5. wav”并保存到桌面。

【操作步骤】

1. 启动“千千静听”后，单击“播放列表”下方的“添加”按钮，选择“文件”项，如图 15-22 所示。弹出“打开”对话框，选择“实训 15 \ mp3”文件夹中“曲目 5”和“曲目 6”歌曲，如图 15-23 所示，单击右下方的“打开”按钮。单击“千千静听”中“播放”按钮播放曲目。

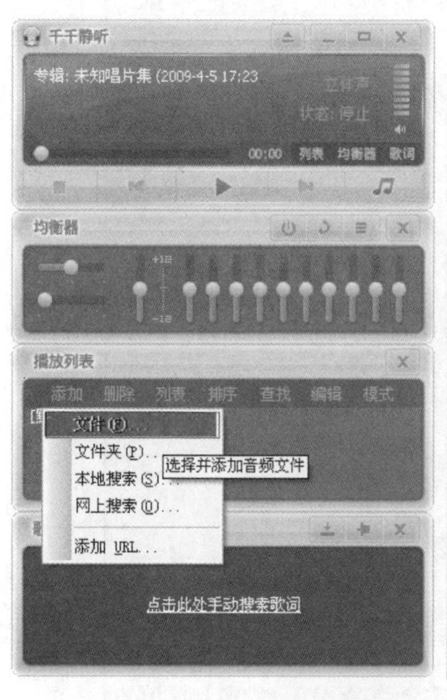

图15-22 “千千静听”添加文件操作 1

图 15-23 “千千静听”添加文件操作 2

在本地计算机或光盘中选中各类音乐文件，单击“打开”命令进行播放。也可以选择“添加/添加 URL”命令播放 URL 地址的音乐文件。

2. 在“千千静听”中，添加了上述两个曲目并进行播放时，分别单击暂停按钮、播放按钮、停止按钮、下一首按钮、上一首按钮对播放的歌曲进行相关操作。通过音量调节器对播放的声音大小进行调节，单击下方的可以在静音和有声间进行切换。

3. 在千千静听“播放列表”中，右击需要格式转换的文件“曲目5”，选择“转换格式”，出现如图 15-24 所示的“转换格式”对话框。在“输出格式”中选择转换后的文件格式“Wave 文件输出”，在“目标文件夹”右边按钮处单击后选择“桌面”，单击“立即转换”按钮即可完成音乐文件格式的转换。

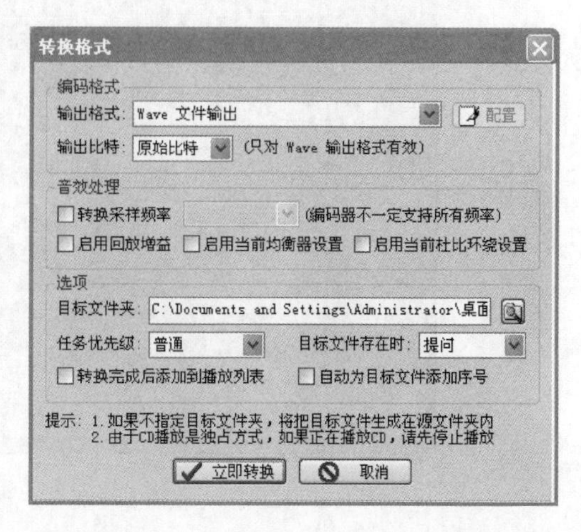

图 15-24　“千千静听”文件格式转换对话框

任务5　在线影音播放软件的使用

【任务描述】

打开在线影音播放软件“PPTV”，进行以下操作：

1. 使用 PPTV“视频”列表选择在线视频文件进行播放。
2. 使用 PPTV 收藏和管理喜欢的节目。

【操作步骤】

1. PPTV 的首页提供了各个大类的精选推荐，首页大图幻灯、正在直播、收视排行、各分类更新推荐和专题都提供了目前最新最热门的节目可供选择。点击任意的首页推荐即可直接进入播放页观看，“视频”列表中有频道信息，可以单击相关目录展开或收起目录，双击节目名称即可播放节目。当单击节目名称后会显示节目信息，如图 15-25 所示。

2. 在频道列表选中想要收藏的节目，单击鼠标右键，在快捷菜单中选择“加入收藏”选项，如图 15-26 所示。在“收藏”栏中可以查看收藏的频道信息，以后可以直接单击播放，如图 15-27 所示。

图 15-25 “PPTV”视频列表页面

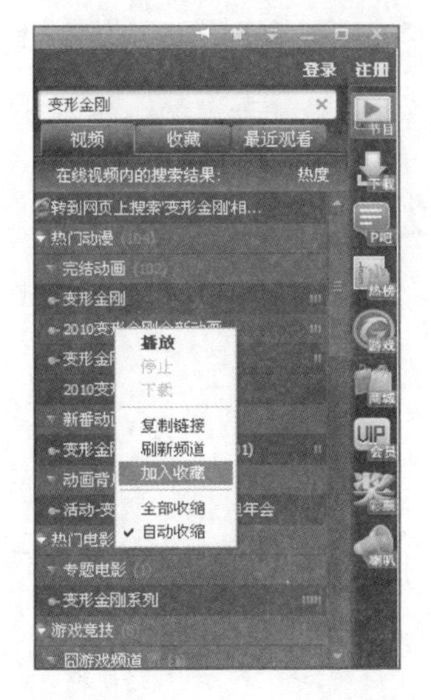

图 15-26 “PPTV”节目加入收藏菜单

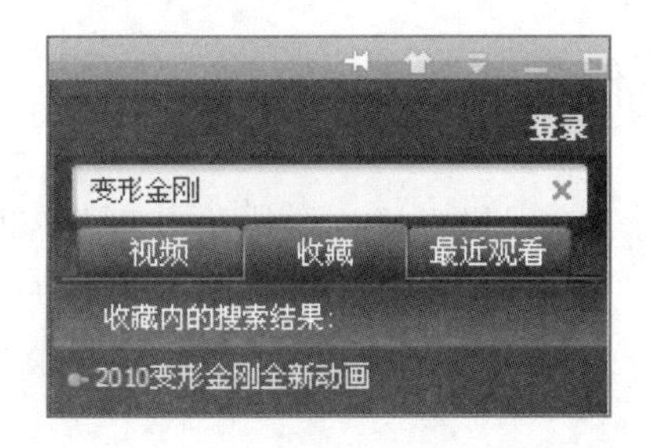

图 15-27 “PPTV”节目收藏页面

任务 6 压缩解压缩软件 WinRAR 的使用

【任务描述】

针对压缩解压缩软件 WinRAR 进行以下操作：

1. 利用压缩解压缩软件 WinRAR 进行压缩文件的操作。
2. 利用压缩解压缩软件 WinRAR 进行解压缩文件操作。

【操作步骤】

1. 先将光盘中“实训 15”下的“pic”文件夹复制到桌面，再在桌面右键单击该文件夹，在弹出的如图 15-28 所示的快捷菜单中，选择“添加到‘pic. rar’(T)”命令，即可在当前目录下生成该文件的压缩文件，压缩文件的图标是。

2. 右键单击上面形成的压缩文件，在弹出的如图 15-29 所示的快捷菜单中，选择“解压到 pic\(E)”，则该文件将会被解压缩到该压缩文件所在的同名文件夹下，也可选中“解压到当前文件夹（X）”命令，则该文件将会被解压缩到当前文件夹下，或选择“解压文件(A)…”命令自定义解压到某个目录下。

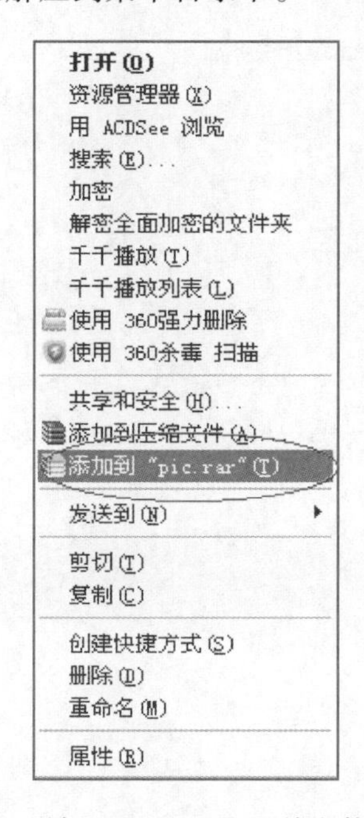

图 15-28　添加“WinRAR”压缩文件快捷方式

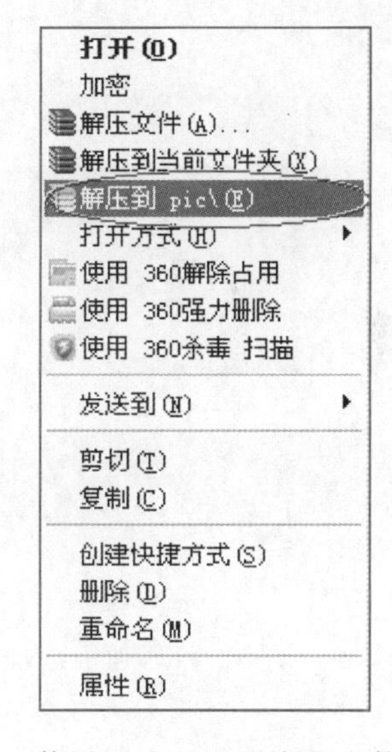

图 15-29　使用“WinRAR”解压文件快捷方式